T0128054

essentials

essentials liefern aktuelles Wissen in konzentrierter Form. Die Essenz dessen, worauf es als „State-of-the-Art" in der gegenwärtigen Fachdiskussion oder in der Praxis ankommt. *essentials* informieren schnell, unkompliziert und verständlich

- als Einführung in ein aktuelles Thema aus Ihrem Fachgebiet
- als Einstieg in ein für Sie noch unbekanntes Themenfeld
- als Einblick, um zum Thema mitreden zu können

Die Bücher in elektronischer und gedruckter Form bringen das Fachwissen von Springerautor*innen kompakt zur Darstellung. Sie sind besonders für die Nutzung als eBook auf Tablet-PCs, eBook-Readern und Smartphones geeignet. *essentials* sind Wissensbausteine aus den Wirtschafts-, Sozial- und Geisteswissenschaften, aus Technik und Naturwissenschaften sowie aus Medizin, Psychologie und Gesundheitsberufen. Von renommierten Autor*innen aller Springer-Verlagsmarken.

Weitere Bände in der Reihe http://www.springer.com/series/13088

Walter Brenner · Benjamin van Giffen ·
Jana Koehler · Tobias Fahse ·
André Sagodi

Bausteine eines Managements Künstlicher Intelligenz

Eine Standortbestimmung

 Springer Gabler

Walter Brenner
Universität St.Gallen
St. Gallen, Schweiz

Benjamin van Giffen
Universität St.Gallen
St. Gallen, Schweiz

Jana Koehler
Deutsches Forschungszentrum für
Künstliche Intelligenz (DFKI)
Saarbrücken, Deutschland

Tobias Fahse
Universität St.Gallen
St. Gallen, Schweiz

André Sagodi
Universität St.Gallen
St. Gallen, Schweiz

ISSN 2197-6708   ISSN 2197-6716   (electronic)
essentials
ISBN 978-3-658-33568-7   ISBN 978-3-658-33569-4   (eBook)
https://doi.org/10.1007/978-3-658-33569-4

Die Deutsche Nationalbibliothek verzeichnet diese Publikation in der Deutschen Nationalbibliografie; detaillierte bibliografische Daten sind im Internet über http://dnb.d-nb.de abrufbar.

Planung/Lektorat: Susanne Kramer
Springer Gabler ist ein Imprint der eingetragenen Gesellschaft Springer Fachmedien Wiesbaden GmbH und ist ein Teil von Springer Nature.
Die Anschrift der Gesellschaft ist: Abraham-Lincoln-Str. 46, 65189 Wiesbaden, Germany

Was Sie in diesem *essential* finden können

- Eine kurze Einführung in zentrale Methoden der Künstlichen Intelligenz
- Eine Darstellung unterschiedlicher Erscheinungsformen von Bias in Daten als einer zentralen neuen Herausforderung bei der Beschäftigung mit Künstlicher Intelligenz
- Eine Beschreibung des State-of-the-Art von Prozessmodellen für Data Analytics: KDD, CRISP-DM, ASUM-DM und TDSP
- Ein Prozessmodell als Struktur für ein menschzentriertes Managementmodell für Künstliche Intelligenz unter Berücksichtigung der Kriterien Machbarkeit, Erwünschtheit und Wirtschaftlichkeit
- Eine grobe Beschreibung der Prozesse eines Managements Künstlicher Intelligenz und deren Ergebnisse als Startpunkt von Diskussionen und unternehmensspezifischen Anpassungen
- Eine kurze Checkliste zu jedem Prozessschritt, um Schwächen beim bestehenden Management Künstlicher Intelligenz in einem Unternehmen zu erkennen

Vorwort

In den verschiedensten Industriebereichen werden Projekte mit Künstlicher Intelligenz initiiert und stehen in diversen Formen auf den Agenden der Entscheiderinnen und Entscheider in Unternehmen. Die zugrunde liegenden Erwartungen und Wertversprechen sind dabei immens. Die gegenwärtigen Erfolge mit Künstlicher Intelligenz werden überwiegend durch den Einsatz Maschinellen Lernens im Rahmen von Proof-of-Concepts, in ersten Anwendungen und in Produkten wie Sprachassistenten realisiert. Durch diese Machbarkeitsnachweise im realen Anwendungskontext der Unternehmen werden Erfahrungen im Umgang mit der Technologie gemacht sowie deren Besonderheiten erlernt, beziehungsweise teilweise schmerzlich erfahren. Dennoch scheitern derzeit viele der Projekte, in denen Künstliche Intelligenz zum Einsatz kommt. Von einer flächendeckenden Implementierung kann daher noch lange nicht gesprochen werden. Eine Grundvoraussetzung für die Implementierung Künstlicher Intelligenz in industriellen Anwendungsbereichen ist der verlässliche und stabile Betrieb. Klarheit hinsichtlich der Regelung von Verantwortung und Haftung bei fehlerhaften System-Entscheidungen und daraus resultierenden Implikationen muss von Anfang an gegeben sein.

Das Management Künstlicher Intelligenz ist eine Erweiterung des bestehenden Managements der Informatik. Nicholas Berente, ein renommierter Wirtschaftsinformatiker der Notre Dame University in Indiana stellte auf einer Tagung des Verbands der Hochschullehrer für Betriebswirtschaftslehre im November 2020 eine Gleichung zu Management Künstlicher Intelligenz auf, die auch Grundlage unserer Überlegungen ist (Berente 2020):

Management Künstlicher Intelligenz = Management der Informatik + ?

Unter Management der Informatik verstehen wir in diesem Buch alle Aktivitäten in einem Unternehmen, die sich mit dem Einsatz von Informations- und Kommunikationstechnik beschäftigen. Management der Informatik umfasst das klassische IT-Management, das oft auch als Informationsmanagement bezeichnet wird, sowie alle Aktivitäten, die sich um produktbezogene IT (Embedded Systems) kümmern. Ziel der Beschäftigung mit dem Management Künstlicher Intelligenz muss es sein herauszufinden, was sich hinter dem Fragezeichen in der Gleichung von Berente verbirgt. Wir sind der Meinung, dass dazu ein tiefgreifendes Verständnis der Algorithmen Künstlicher Intelligenz notwendig ist. Die Besonderheiten der Methoden Künstlicher Intelligenz erfordern neue Prozesse, neue Strukturen und neue Kompetenzen, um einen professionellen Umgang mit Künstlicher Intelligenz sicherzustellen.

Vor diesem Hintergrund beschäftigt sich dieses Essential mit dem Management Künstlicher Intelligenz. Es zeigt, welche Besonderheiten es im Umgang mit Künstlicher Intelligenz gibt, wie beispielsweise den Ersatz des Programmierens durch Trainieren, und welche Auswirkungen diese Veränderungen auf das Management der Informatik in Unternehmen haben. Wir gehen davon aus, dass der Umgang mit Künstlicher Intelligenz das Management der Informatik einschneidend verändern wird. Dieses Buch zeigt zudem auf, wie bestehende Prozesse des Managements der Informatik weiterentwickelt werden müssen und welche neuen Prozesse hinzukommen.

Das Autorenteam sieht dieses Buch als einen Statusbericht, der den Stand dieses neuen Gebiets im Herbst 2020 wiedergibt. Wir sind uns bewusst, dass es noch weitere Forschungsanstrengungen und viele erfolgreiche Anwendungen in der Praxis braucht, bis ein ausgefeiltes Managementsystem für Künstliche Intelligenz vorhanden ist. Wir sind aber sicher, dass es angesichts der Chancen und Risiken Künstlicher Intelligenz dokumentierte und damit nachvollziehbare Prozesse braucht, um einen verantwortungsvollen Einsatz sicherzustellen. Dieses Buch beschreibt eine Struktur für das Management Künstlicher Intelligenz, die als Integrationsplattform für weitere Forschung dienen kann, und gleichzeitig eine Orientierungshilfe für die Praxis darstellt. Es ist interdisziplinär und in Kooperation zwischen einer Spezialistin für Künstliche Intelligenz vom Deutschen Forschungszentrum für Künstliche Intelligenz (DFKI) und Wirtschaftsinformatikern des Instituts für Wirtschaftsinformatik der Universität St.Gallen entstanden. Wir sind davon überzeugt, dass das Management Künstlicher Intelligenz eine wichtige Fähigkeit in der Zukunft unserer Wirtschaft und Gesellschaft ist und nur interdisziplinär bearbeitet werden kann.

Wir wären den Leserinnen und Lesern dieses Buches für Feedback, auch wenn es kritisch ist, und für Hinweise und Erfahrungen im Umgang mit Künstlicher Intelligenz sehr dankbar. Schreiben Sie einfach eine Mail an benjamin.vangiffen@unisg.ch oder jana.koehler@dfki.de.

St. Gallen
Saarbrücken

Walter Brenner
Benjamin van Giffen
Jana Koehler
Tobias Fahse
André Sagodi

Einleitung

Künstliche Intelligenz hat sich in den letzten Jahren zum wichtigsten Thema entwickelt, wenn es um den Einsatz in Zukunft wettbewerbsrelevanter Technologien aus der Informations- und Kommunikationstechnik geht. In unzähligen Berichten in den Medien, Reden von Politikerinnen und Politikern sowie in akademischen Konferenzen wird von der zukünftigen Bedeutung Künstlicher Intelligenz berichtet. Fast kein Bereich des privaten und geschäftlichen Lebens ist davon ausgenommen. In Zukunft kann scheinbar überall Künstliche Intelligenz nutzbringend eingesetzt werden. Eine McKinsey-Studie prognostiziert für das Jahr 2030 einen erzielten ökonomischen Nutzen von 13 Billionen US$ durch den Einsatz Künstlicher Intelligenz (Bughin et al. 2018). Somit scheint es gesetzt, dass die Nutzung Künstlicher Intelligenz in Zukunft zu einem entscheidenden Faktor wird, wenn es um die Wettbewerbsfähigkeit von Unternehmen geht – unabhängig von deren Größe und Branche.

In Vorträgen, Publikationen, Diskussionen und Projekten in Unternehmen und öffentlichen Verwaltungen dominieren derzeit, bezogen auf den Einsatz Künstlicher Intelligenz, durchaus optimistische Abschätzungen der wirtschaftlichen Potenziale. Besonders eindrucksvoll waren die Diskussionen um Potenziale und Gefahren des Einsatzes Künstlicher Intelligenz, die durch eine Studie der Oxford Martin School ausgelöst wurden. Hier wurden plakativ 47 % der Arbeitsplätze als „at risk" klassifiziert. Folglich können diese Arbeitsplätze durch Nutzung Künstlicher Intelligenz in Zukunft von Robotern besetzt werden (Frey und Osborne 2017).

Die zentrale Herausforderung für den zukünftigen Einsatz Künstlicher Intelligenz ist es geeignete Einsatzszenarien zu entwickeln, diese in Prototypen zu überführen und aus diesen dann, in den nächsten und entscheidenden Schritten, betrieblich nutzbare Anwendungen zu entwickeln, die im Anschluss produktiv

betrieben und fortwährend weiterentwickelt werden können. Nur wenn produktiv
eingesetzte Anwendungen entstehen, können mittels Einsatz Künstlicher Intelligenz entweder Kosten durch Automatisierung gesenkt werden oder Mehrumsätze
durch neue Geschäftsmodelle oder einen besseren Umgang mit Kunden erzielt
werden.

   Management Künstlicher Intelligenz erkennt die Potenziale Künstlicher Intelligenz für unternehmerische Herausforderungen, entwickelt produktive Lösungen,
betreibt diese und entwickelt sie stetig weiter. Management Künstlicher Intelligenz fokussiert nicht auf die Entwicklung neuer Algorithmen, Software oder
Hardware für Künstliche Intelligenz, sondern stellt sicher, dass Künstliche Intelligenz in Unternehmen produktiv eingesetzt werden kann und damit ein realer
Wertbeitrag erzielt wird.

   Management Künstlicher Intelligenz ist keine eigenständige Managementdis-
ziplin. Sie ist ein Bestandteil des Managements der Informatik. In diesem Buch
stellen wir aus unserer Sicht zentrale Bausteine eines Managements Künstlicher
Intelligenz vor, um welche das bestehende Management der Informatik in Unternehmen erweitert werden kann – ganz im Sinne der Gleichung von Berente:
Management Künstlicher Intelligenz = Management der Informatik + ?, die wir
bereits im Vorwort dieses Buchs erwähnt haben.

   Die Nutzung Künstlicher Intelligenz wird in Zukunft nicht mehr das Pri-
vileg weniger Unternehmen mit sehr gut ausgebildeten Informatikerinnen und
Informatikern sein, die unternehmerische Herausforderungen mithilfe komplexer,
für andere Menschen unverständlicher Algorithmen lösen. Künstliche Intelligenz
wird in Zukunft „demokratisiert", das heißt ein großer Anteil der Belegschaft in
Unternehmen wird in die Lage versetzt sein, Künstliche Intelligenz als Werkzeug
einzusetzen. Führende Unternehmen arbeiten bereits heute darauf hin, Künstliche Intelligenz nicht nur durch auf Informatik und Mathematik spezialisierte
Personen in betrieblichen Prozessen einzusetzen, sondern, zum Beispiel durch
Low-Code Umgebungen, Mitarbeitende zu befähigen, eigene Erfahrungen im
Umgang mit Künstlicher Intelligenz zu sammeln und erste Ideen in Prototypen umzusetzen. Im Anschluss können dann Informatikfachkräfte professionelle
Anwendungen entwickeln und den Betrieb sicherstellen. Jedes Unternehmen wird
in Zukunft in vielen Bereichen Künstliche Intelligenz einsetzen, um konkurrenz-
fähig zu bleiben. Statistische Auswertungen zu Kundenpräferenzen im Marketing
oder das Erkennen von Fehlern in der Produktion sind Beispiele für Anwendungen. Kaufempfehlungen für Produkte in Electronic-Commerce-Anwendungen, die
Erkennung gefährlicher Situationen in Fahrzeugen zur Steuerung des Notbrems-
sassistenten, die Spracherkennung in Alexa oder das Übersetzungssystem DeepL
sind Beispiele für Anwendungen, die heute von vielen Menschen benutzt werden,

ohne dass es der Kundschaft bekannt oder bewusst ist, dass Künstlichen Intelligenz eingesetzt wird. Management Künstlicher Intelligenz sorgt dafür, dass diese Demokratisierung Künstlicher Intelligenz ermöglicht wird und stellt geeignete Prozesse, Methoden und Tools bereit.

Dieses Buch ist als Einführung in das Management Künstlicher Intelligenz zu verstehen. Es hat das Ziel, sowohl Diskussionen als auch Projekte in dem neuen Gebiet „Management Künstlicher Intelligenz" in Praxis und Wissenschaft auszulösen und einen Beitrag zur professionellen Beschäftigung in Unternehmen mit Künstlicher Intelligenz zu leisten. Zielsetzung ist es, die bestehenden Standardmodelle des Managements der Informatik, wie beispielsweise COBIT oder ITIL, die in Abschn. 3.2 näher erläutert werden, aber auch die unternehmensspezifischen Modelle des Managements der Informatik in Unternehmen und öffentlichen Verwaltungen weiterzuentwickeln.

Inhaltsverzeichnis

Wettbewerbsvorteile durch Künstliche Intelligenz

Der Einsatz Künstlicher Intelligenz in Unternehmen muss mittel- bis langfristig einen messbaren Wettbewerbsvorteil erzielen. Es gibt heute bereits eindrucksvolle Beispiele, wie Künstliche Intelligenz dazu beiträgt, den Umsatz zu steigern oder die Kosten zu senken. Im Folgenden wird an drei ausgewählten Beispielen beschrieben, wie durch den Einsatz Künstlicher Intelligenz ein Wettbewerbsvorteil erzielt werden konnte.

* Recommender-Systeme sind ein gutes Beispiel für das Erzielen von „mehr Umsatz" durch den Einsatz Künstlicher Intelligenz. Recommender-Systeme werden unter anderem für Produktempfehlungen bei Online-Händlern, zum Vorschlagen neuer Musik oder Filme bei Streaming-Diensten oder zur Generierung des Newsfeeds in sozialen Netzwerken verwendet. Sie erkennen und quantifizieren die Präferenz von Kunden in Bezug auf ein Objekt im Electronic-Commerce. Recommender-Systeme quantifizieren die erwartete Zuneigung einer Nutzerin oder eines Nutzers bezogen auf das meist sehr große Produktangebot mithilfe Künstlicher Intelligenz. Grundlage hierfür sind verfügbare Kontextinformationen, wie zum Beispiel der aktuelle Aufenthaltsort, das verwendete Endgerät oder vergangene Kaufaktivitäten. Diese Kontextinformationen beziehen sich auf die Nutzerin beziehungsweise den Nutzer oder auf andere Personen mit ähnlichem Profil. Beim Streaming-Dienst Netflix gingen bereits 2015 rund 80 % der angesehenen Filme auf ein Recommender-System zurück, was zu einem geschätzten Geschäftswert des Recommender-Systems in Höhe von einer Milliarde US$ führte (Gomez-Uribe und Hunt 2016). Bei Amazon können beispielsweise aus den über 220 Mio. verschiedenen Produkten, die bereits 2016 angeboten wurden (Marketplace Analytics 2017), diejenigen gefunden werden, welche die Nutzerin oder der Nutzer mit größter

© Der/die Autor(en), exklusiv lizenziert durch Springer Fachmedien Wiesbaden GmbH, ein Teil von Springer Nature 2021
W. Brenner et al., *Bausteine eines Managements Künstlicher Intelligenz*, essentials, https://doi.org/10.1007/978-3-658-33569-4_1

Wahrscheinlichkeit präferiert. Das Recommender-System von Amazon sorgt dafür, dass sich eine Nutzerin oder ein Nutzer in geschätzten 30 % der Fälle auf Grundlage einer Empfehlung auf einer bestimmten Produktseite befindet (Smith und Linden 2017). Online-Händler wie Amazon haben ein sehr großes Angebot an Produkten. Gleichzeitig haben sie, anders als gewöhnliche Warenhäuser, nicht die Möglichkeit, die Kundschaft durch geschicktes Umsortieren der angebotenen Produkte im physischen Laden zu ursprünglich nicht geplanten Käufen zu verleiten. Allerdings haben Online-Händler meist mehr Informationen über ihre Kundschaft, weswegen personalisierte Produktempfehlungen durch Recommender-Systeme mittlerweile ein wichtiges Mittel zur Umsatzsteigerung darstellen.

• Der Einsatz Künstlicher Intelligenz kann auch leistungssteigernd und damit kostensenkend dazu beitragen, einen Wettbewerbsvorteil zu erzielen. Ein Beispiel ist die Zielrufsteuerung in Aufzugsystemen (Koehler 2001; Koehler und Ottiger 2002). Aus Sicht des Fahrgastes sind eine kurze Wartezeit sowie eine kurze Fahrtzeit mit möglichst wenigen Zwischenstopps wünschenswerte Faktoren. Mit einer intelligenten Zielrufsteuerung auf Basis Künstlicher Intelligenz ist es möglich, mit der gleichen Anzahl an Aufzugskabinen 30 % mehr Passagiere an ihr Ziel zu bringen. Durch die verbesserte Steuerung und die damit einhergehende höhere Beförderungsrate ist es möglich, die Energiekosten pro Passagier zu senken beziehungsweise ein Gebäude mit weniger Aufzügen auszustatten, wodurch die Bau- und Betriebskosten stark reduziert werden. Gleichzeitig werden die Warte- und Fahrzeiten für die Passagiere verringert. In klassischen Aufzugsystemen wählen Fahrgäste einen der zwei bis acht Aufzüge selbst aus und fordern diesen durch die Ruftaste an. In manchen Systemen kann zusätzlich die gewünschte Fahrtrichtung angegeben werden. Ist der Aufzug im Stockwerk des wartenden Passagiers angekommen, wählt dieser das gewünschte Zielstockwerk aus. Bei mehreren zur Verfügung stehenden Aufzügen ist es jedoch leicht möglich, dass der Passagier nicht die optimale Wahl im Sinne des Gesamtsystems getroffen hat, sodass für den Passagier selbst und für das Gesamtsystem kürzere Warte- und Fahrzeit möglich gewesen wären. Eine wichtige Verbesserung im Vergleich zu diesen klassischen Aufzugsystemen ist in unserem Beispiel die Abfrage des Zielstockwerks beim Passagier bereits dann, wenn sie oder er den Aufzug ruft. Die Fahrgäste können das gewünschte Zielstockwerk somit schon eingeben, bevor sie einen Aufzug betreten. Die zentrale Steuerungseinheit kennt folglich nicht nur die aktuelle Anfrage eines Passagiers, sondern hat auch einen Informationsvorsprung. Durch diesen Informationsvorsprung kann das Steuerungssystem die Routen der Aufzüge schon optimieren bevor ein Fahrgast den Aufzug betritt, was zu der anfangs genannten Erhöhung der Beförderungsrate und den verringerten Wartezeiten führt.

• Ein weiteres Beispiel für eine Einsatzmöglichkeit Künstlicher Intelligenz mit dem Ziel der Qualitätssteigerung ist die Erkennung von Tumoren auf Mammografie-Bildern. Eine neu entwickelte Softwarelösung nutzt Künstliche Intelligenz, die mit einem Trainingsdatensatz aus mehr als zwei Millionen Bildern trainiert wurde, um Mammografie-Bilder auf Anomalien zu untersuchen und unterstützt damit Radiologinnen und Radiologen bei ihrer Diagnosetätigkeit (May et al. 2020). Das System ermöglicht in den radiologischen Zentren Zeiteinsparung, die sowohl für die Behandlung weiterer Patienten als auch, aufgrund von weniger Zeitdruck im diagnostischen Prozess, für eine Steigerung der Sicherheit und Qualität genutzt werden kann. Die Tumorfrüherkennung wird in regelmäßigen Abständen routinemäßig durchgeführt, weshalb nur in circa einem Prozent der Fälle ein Tumor vorliegt. Das macht die Arbeit der Radiologinnen und Radiologen repetitiv und ermüdend, was wiederum die Anzahl falsch negativer Fälle erhöhen kann. Dennoch gilt in Deutschland bis dato ein Arztvorbehalt bei der Krebsdiagnostik, sodass das System keine eigenständige Entscheidung treffen darf. Unter diesen Bedingungen wurde das System so entwickelt, dass die Künstliche Intelligenz eine Vorauswahl der eindeutig negativen Fälle trifft. Die diagnostizierenden Radiologinnen und Radiologen sparen damit Zeit bei der Bearbeitung dieser eindeutigen Fälle. Auf diese Weise wird ihre Arbeit beschleunigt, weniger repetitiv und somit weniger fehleranfällig. Die Zeitersparnis bedeutet umgekehrt, dass in der gleichen Zeit mehr Fälle bearbeiten werden können, was einen direkten Wettbewerbsvorteil erzeugt. Damit die Software zum Wettbewerbsvorteil für die anvisierten Nutzer, die Radiologinnen und Radiologen, werden konnte, musste das Softwareunternehmen das Einsatzszenario der Software neu definieren. Es wechselte daher von der diagnostischen Mammografie, bei der Tumorfälle erkannt werden sollen, zum Mammografie-Screening. Bei der diagnostischen Mammografie wird bei einem bestehenden Verdacht auf das Vorliegen eines Tumors untersucht. Beim Mammografie-Screening geht es um die Früherkennung von Tumoren, das heißt es wird ohne Verdacht auf das Vorliegen eines Tumors untersucht. Der Wechsel des Verfahrens hatte mehrere Gründe: So beinhalteten die Daten zur diagnostischen Mammografie sehr viele Randfälle, also Fälle, bei denen spezielle oder seltene Tumorformen vorliegen. Weiterhin waren viele Radiologinnen und Radiologen dem Einsatz Künstlicher Intelligenz in der diagnostischen Mammografie gegenüber skeptisch, da sie eine Verlangsamung ihrer Arbeit und eine größere Anzahl falsch positiver Fälle befürchteten.

Grundlagen

2

2.1 Künstliche Intelligenz

1950 stellte der englische Mathematiker Alan Turing die Frage, ob menschliche Intelligenz durch Berechnungen eines Computers simuliert werden kann (Turing 1950) und löste damit ein Forschungsprogramm aus, für das John McCarthy 1956 den Namen Künstliche Intelligenz vorschlug (McCarthy et al. 1955). In der siebzigjährigen Geschichte der Künstlichen Intelligenz wurden immer wieder unterschiedliche Auffassungen und Interpretationen des Begriffs diskutiert. Eine wichtige zugrunde liegende Metapher der modernen Forschung in Künstlicher Intelligenz basiert auf dem Begriff des „intelligenten Agenten" (Poole und Mackworth 2010; Russell und Norvig 2013). Ein „intelligenter Agent" kann seine Umwelt wahrnehmen und trifft auf der Basis dieser Wahrnehmungen Entscheidungen, die seine weiteren Handlungen bestimmen. Handelt es sich um einen rationalen Agenten, dann müssen seine Entscheidungen zu der für ihn bestmöglichen Handlung führen.

Es gibt sehr viele Ausprägungen Künstlicher Intelligenz. Zahlreiche Autorinnen und Autoren vermitteln den Eindruck, dass es nur eine Frage der Zeit sei, bis es Künstliche Intelligenz gibt, deren Problemlösungskraft der von Menschen ebenbürtig ist („Starke KI" oder „Artificial General Intelligence") oder diese sogar übertrifft („Super AI") (Kaplan und Haenlein 2019). In diesem Buch geht es um „schwache Künstliche Intelligenz", die oft auch als „Narrow AI" oder „Weak AI" bezeichnet wird.

▶ „Narrow AI" als eine Erscheinungsform der Künstlichen Intelligenz ist in der Lage, bestimmte, eingegrenzte Probleme selbstständig zu bearbeiten.

© Der/die Autor(en), exklusiv lizenziert durch Springer Fachmedien Wiesbaden GmbH, ein Teil von Springer Nature 2021
W. Brenner et al., *Bausteine eines Managements Künstlicher Intelligenz*, essentials, https://doi.org/10.1007/978-3-658-33569-4_2

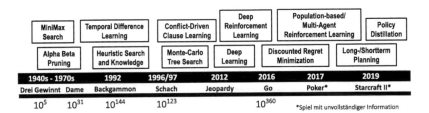

MiniMax Search	Temporal Difference Learning	Conflict-Driven Clause Learning	Deep Reinforcement Learning	Population-based/ Multi-Agent Reinforcement Learning	Policy Distillation
Alpha Beta Pruning	Heuristic Search and Knowledge	Monte-Carlo Tree Search	Deep Learning	Discounted Regret Minimization	Long-/Shortterm Planning

1940s - 1970s	1992	1996/97	2012	2016	2017	2019
Drei Gewinnt Dame	Backgammon	Schach	Jeopardy	Go	Poker*	Starcraft II*
10^5 10^{31}	10^{144}	10^{123}		10^{360}		*Spiel mit unvollständiger Information

Abb. 2.1 Fortschritt von KI-Programmen für Spiele. Die Angaben zur Größe des Game Tree stammen aus Wikipedia (2020)

Bereits in dem im Jahr 1955 aufgestellten ersten Forschungsprogramm für Künstliche Intelligenz wurden bestimmte Leistungen menschlicher Intelligenz identifiziert, für deren Simulation Computerprogramme entwickelt werden sollten: „An attempt will be made to find how to make machines use language, form abstractions and concepts, solve kinds of problems now reserved for humans, and improve themselves." (McCarthy et al. 1955, S. 1). Damit stehen Fragen der Sprachverarbeitung, der Repräsentation und Nutzung von Wissen und des Maschinellen Lernens im unmittelbaren Fokus der Forschenden, die sich mit Künstlicher Intelligenz beschäftigen. Zu den Problemen, die bisher nur Menschen lösen konnten, gehörte unter anderem das Spielen gegen eine menschliche gegnerische Partei, zum Beispiel in Spielen wie Schach, Dame oder Go. Der Fortschritt der Künstlichen Intelligenz lässt sich sehr schön am Fortschritt von Computerprogrammen im Bereich der Spiele illustrieren, wie der Zeitstrahl in Abb. 2.1 zeigt.

Die Komplexität der Spiele mit vollständiger Information für beide „Spieler" wird mithilfe der Größe des Spielbaums, dem sogenannten „game tree", illustriert, das heißt der Anzahl der möglichen Spiele, die überhaupt gespielt werden können. Spiele wie Poker sind Beispiele für Spiele mit unvollständiger Information, da ein „Spieler" die Karten des gegnerischen „Spielers" nicht kennt. Oberhalb des Zeitstrahls werden wichtige Meilensteine in der Entwicklung der Suchalgorithmen und Lernverfahren gezeigt, welche die jeweiligen Durchbrüche ermöglichten. Das Spiel Jeopardy unterscheidet sich signifikant von den gezeigten Brettspielen. Es ist ein strategisches Wissensquiz, bei dem ein „Spieler" eine Fragekategorie wählen darf, aus der dann eine Frage gestellt wird. Alle beteiligten „Spieler" haben die Chance, diese gestellte Frage zu beantworten und das Spielkapital eines „Spielers" erhöht oder verringert sich um den Geldbetrag, den die Frage wert ist, je nach richtiger oder falscher Antwort. Der Sieg von IBM Watson im Spiel Jeopardy markiert den Beginn des erneuten Interesses an Künstlicher Intelligenz im

Jahr 2012 (Ferrucci 2012). Den endgültigen Durchbruch bei Spielen mit vollständiger Information erzielte Google mit AlphaGo und AlphaZero im Spiel Go in den Jahren 2016/2017 (Silver et al. 2017). Es gibt zahlreiche algorithmische Methoden, die unter dem Begriff Künstliche Intelligenz subsummiert werden. Unterschieden werden stochastische und deterministische Methoden. Bei deterministischen Methoden wird der Output vollständig von den Parameterwerten und dem Anfangszustand festgelegt. Stochastische Methoden kombinieren Wahrscheinlichkeitstheorie und Statistik und sind dadurch gekennzeichnet, dass einige Parameter mit Zufallsvariablen beschrieben werden, sodass für einen gegebenen Anfangszustand nicht zwangsläufig immer derselbe Output ausgegeben wird. Aktuell sehr erfolgreiche Methoden der Künstlichen Intelligenz, wie zum Beispiel das Deep Learning, eine Form des überwachten Maschinellen Lernens mit tiefen neuronalen Netzen, oder moderne Suchalgorithmen, die Monte-Carlo Simulationen verwenden, arbeiten stochastisch. Insbesondere das Trainieren neuronaler Netze für das überwachte Maschinelle Lernen setzt stochastische Methoden ein. Die Anwendung eines trainierten Netzes auf einen bestimmten Datensatz ist jedoch deterministisch, da die Eingabewerte und die durch das Trainieren eingestellten Gewichte im Netz den Ausgabewert eindeutig bestimmen. In den letzten Jahren sind vor allem die Durchbrüche im Bereich des Maschinellen Lernens bemerkenswert. Dabei werden drei wichtige Gruppen von Lernverfahren unterschieden:

- Unsupervised Learning: Beim nichtüberwachten oder auch unüberwachten Lernen werden Algorithmen eingesetzt, die nach Mustern und häufig auftretenden Zusammenhängen in Daten suchen und Datensätze anhand ihrer Ähnlichkeit gruppieren. Dabei benötigen diese Algorithmen keine Beispiele, wie sie gruppieren sollen oder welche Daten welche Muster aufweisen, anhand derer sie zunächst trainiert werden müssen. Sie kommen immer dann zum Einsatz, wenn unklar ist, worin Ähnlichkeiten zwischen Daten bestehen könnten, da sie diese sehr gut selbst aufspüren. Zum Beispiel kann ein solcher Algorithmus in einem Datensatz von Kundinnen und Kunden diejenigen Gruppen identifizieren, die ähnliche Kaufgewohnheiten haben. Ebenso sind die Algorithmen sehr gut geeignet, Anomalien und Unregelmäßigkeiten in Daten aufzuspüren. Zu den wichtigsten nicht-überwachten Lernverfahren gehören Clustering- und Assoziationsalgorithmen (Russell und Norvig 2013).
- Supervised Learning: Das überwachte Lernen benötigt Trainingsdaten, in denen Daten als Paare von Eingabewerten und gewünschten Ausgabewerten vorliegen. Anhand dieser Daten können überwachte Lernalgorithmen die Funktion approximieren, die zu einem gegebenen Eingabewert den richtigen

Ausgabewert berechnet (Samuel 1959). Ein explizites Programmieren dieser Muster ist nicht nötig, vielmehr werden anhand annotierter Beispiele aus Ein- und Ausgabedaten statistisch signifikante Muster für den Zusammenhang von Eingabe und Ausgabe gelernt, das heißt, es wird die zugrunde liegende Funktion approximiert, die auf die Eingabe angewendet werden muss, um die Ausgabe zu erzeugen. Wird ein solcher Algorithmus zum Beispiel mit Bildern trainiert, die mit diversen Eingabeparametern beschrieben werden und jeweils als Ausgabewert das Objekt annotieren, das auf dem Bild dargestellt ist, dann können diese Algorithmen in der Bilderkennung eingesetzt werden, um das dargestellte Objekt zu identifizieren. Neben Methoden aus der Mathematik, wie der Regressionsanalyse, kommen in der Künstlichen Intelligenz heute vor allem überwachte Lernverfahren auf der Grundlage neuronaler Netze, aber auch Methoden wie Entscheidungsbäume oder Supportvektormaschinen zum Einsatz. Besonders erfolgreich gelingt das Trainieren zurzeit mit dem Deep Learning, das heißt den sogenannten tiefen neuronalen Netzen, die sehr viele Schichten einfacher Berechnungseinheiten miteinander kombinieren (Hinton und Salakhutdinov 2006; Deng und Yu 2014).

• Reinforcement Learning: Das verstärkende Lernen erlaubt es Algorithmen durch aktives Experimentieren zu lernen. Dabei werden Handlungen in einer echten oder simulierten Umgebung ausgeführt, um ein konkret vorgegebenes Ziel zu erreichen. Je nach Erfolg oder Misserfolg einer Handlung erhalten diese Algorithmen eine positive oder negative Rückmeldung aus der Umgebung, die ihnen hilft, die Erfolgsaussichten dieser Handlung in einer bestimmten Situation besser einzuschätzen und zukünftig möglichst Erfolg versprechende Handlungen zu bevorzugen. Gelernt wird hier eine sogenannte „Policy", eine Wahrscheinlichkeitsverteilung über Zustände und Handlungen, die ein System Künstlicher Intelligenz benutzt, um in jedem Zustand diejenige Handlung als nächstes auszuwählen, die sich beim Lernen als die erfolgversprechendste herauskristallisiert hat. Ein autonomes Auto kann so zum Beispiel lernen einzuparken, in dem es immer wieder versucht eine Parklücke ohne Kollisionen zu erreichen. An diesem Beispiel wird sofort deutlich, dass das Lernen eher in einer simulierten Umgebung erfolgen sollte, da in der realen Umgebung zu viele Risiken vorhanden sind und fehlschlagende Aktionen echte Schäden verursachen können. Im verstärkenden Lernen werden heute neuronale Netze aus dem Deep Learning eingesetzt, da mit diesen nicht jede mögliche Situation abgespeichert werden muss, sondern charakteristische Muster, die eine Vielzahl von Situationen abstrahieren.

Neben den Methoden des Maschinellen Lernens, die einem „intelligenten Agenten" helfen, Informationen aus der Umwelt zu abstrahieren, einzuordnen und auf dieser Basis Entscheidungen zu treffen, spielen die Suchalgorithmen ein wichtige Rolle, um aus einer Vielzahl von Handlungsoptionen die bestmögliche Handlung zu bestimmen. Zum Beispiel bedeutet dies im Schachspiel, dass Maschinelles Lernen eingesetzt wird, um die Spielsituation zu bewerten, während der Suchalgorithmus dann Milliarden von möglichen weiteren Spielverläufen evaluiert und auf dieser Basis den nächsten erfolgversprechendsten Spielzug auswählt. Auch hierbei werden wieder drei große Gruppen von Suchalgorithmen unterschieden:

• Bei der systematischen Suche werden Handlungen in einem Suchraum anhand einer festgelegten Strategie, sozusagen blind Schritt für Schritt evaluiert, ohne dass Hintergrundwissen oder aktuelle Informationen einfließen. Diese Methoden kommen aufgrund ihrer eingeschränkten Skalierbarkeit heute nur selten zum praktischen Einsatz.
• Bei der heuristischen Suche wird die Strategie anhand einer regelbasierten, deterministischen Bewertung angepasst. Handlungen, die besser bewertet sind, werden bevorzugt. Ein bekanntes Anwendungsbeispiel dieser Suchstrategie ist die Wegeplanung in einem Navigationssystem, die auf der Basis einer statischen Karte und der abgespeicherten Entfernungen beziehungsweise Fahrzeiten eine zeitlich oder distanzmäßig kürzeste Verbindung sucht.
• Stochastische Suchen basieren auf Monte-Carlo-Simulationen und verbinden sogenannte „erkundende" and „ausnutzende" Schritte miteinander. Basierend auf zufällig gewählten Spielzügen verschafft sich ein solcher Algorithmus zunächst einen Einblick in mögliche Spielverläufe und bewertet diese (Exploration). Die erhaltenen Bewertungen steuern dann den Suchalgorithmus zielgerichtet in Erfolg versprechende Bereiche eines Suchraums, wo das durch Exploration gewonnene Wissen gezielt ausgenutzt wird (Exploitation). Moderne Suchalgorithmen für komplexe Probleme in Spielen wie Go oder Poker, aber auch für die Lösung von Optimierungsproblemen in Produktion und Logistik basieren auf diesem Ansatz, da nur so die Komplexität der Probleme bewältigt werden kann.

Neben Suchalgorithmen und Maschinellem Lernen spielen auch Methoden zur Repräsentation von Wissen, insbesondere auch unsicherem Wissen, eine große Rolle in der Künstlichen Intelligenz. Beispielhaft seien hier Ontologien, Wissensgraphen, Bayes'sche Netze und Markov-Entscheidungsprozesse erwähnt.

Vor ungefähr 35 Jahren gab es bereits einen ersten Hype um Künstliche Intelligenz im Kontext von Expertensystemen. Die mangelnde Verfügbarkeit von Daten, noch nicht entwickelte Methoden zum Umgang mit unsicherem Wissen sowie Limitationen der Speicher- und Verarbeitungsfähigkeit beendeten die Euphorie. In der Folge gab es den sogenannten „Winter" der Künstlichen Intelligenz. Die im Hype erweckten Erwartungen wurden nicht erfüllt und in der Folge galt Künstliche Intelligenz in Wissenschaft und Praxis als ein sehr unattraktiver Bereich. Vor ungefähr zehn Jahren erlebte die Künstliche Intelligenz eine Wiedergeburt. Die Fülle an verfügbaren Daten, massiv gestiegene Speicher- und Verarbeitungsfähigkeiten sowie wesentlich leistungsfähigere Algorithmen führten in den letzten Jahren zu einem Aufschwung, der bis heute anhält. Wer beispielsweise über die letzten Jahrzehnte die Entwicklung der Spracherkennung verfolgt hat, konnte beobachten, wie sich die Systeme verbessert haben. Die zukünftige Bedeutung dieser datengetriebenen Künstlichen Intelligenz zur Lösung zahlreicher Probleme in Wirtschaft und Gesellschaft ist unbestritten.

2.2 Daten

Jede Form manueller und automatischer Informationsverarbeitung kann nur dann zu guten Ergebnissen führen, wenn die Eingangsdaten in genügender Quantität und Qualität zur Verfügung stehen. Die Quantität und Qualität der Daten entscheiden letztlich auch, ob der Einsatz Künstlicher Intelligenz zu nützlichen Ergebnissen führen kann. Daten bilden den Input und Output aller Anwendungen Künstlicher Intelligenz. Es gilt der Grundsatz: „Ohne Daten keine Nutzung Künstlicher Intelligenz". Deshalb sprechen viele Unternehmen, wenn sie über den Einsatz Künstlicher Intelligenz sprechen, auch davon, unternehmerischen Nutzen aus den internen Daten und den externen Daten, die häufig im Internet zur Verfügung stehen, zu erzeugen.

Der Begriff „Big Data" (Beyer und Laney 2012; Sicular 2013; McAfee et al. 2012; Wu et al. 2014) steht in Wissenschaft und Praxis für die schier endlose Datenverfügbarkeit, die sich durch die permanente Datenerhebung stetig erweitert. Damit einher geht die Herausforderungen der Datenverarbeitung, um daraus unternehmerischen Nutzen abzuleiten. In diesem Zusammenhang hat sich Künstliche Intelligenz zu einem entscheidenden Werkzeug entwickelt. Es braucht weder große Studien oder Analysen noch viel Intelligenz, um zur Erkenntnis zu gelangen, dass auch führende Unternehmen überfordert sind, die Datenmengen manuell von Mitarbeitenden auswerten zu lassen. Mit Blick auf die Datenverarbeitung gibt es für Unternehmen, unabhängig von deren Größe und Branche, keine Alternative zu automatisierten Prozessen, die wesentlich durch Methoden der Künstlichen Intelligenz ermöglicht werden.

Viele Unternehmen werden mit ihrer teilweise schwierigen Vergangenheit im Umgang mit Daten konfrontiert. Die internen Daten des Unternehmens sind in unzähligen Datenbanken und beruhend auf unterschiedlichsten Technologien gespeichert. Oft sind in den operativen Datenbanken beispielsweise auch Daten in Form von Freitext gespeichert, die in der Vergangenheit kaum auswertbar waren und jetzt durch Künstliche Intelligenz zugänglicher werden. Wesentliche Datenbestände sind lokal auf den Computern der Mitarbeitenden in den einzelnen Fachbereichen gespeichert. Dieses Phänomen wird auch als „Schatteninformatik" bezeichnet. In vielen Unternehmen ist eine zuverlässige Datenauswertung aufgrund der mangelnden Datenqualität nicht möglich und in der Vergangenheit wurden in vielen Unternehmen Projekte zur Professionalisierung der Datenlandschaft verzögert oder verschoben. Diese Versäumnisse können den produktiven Einsatz Künstlicher Intelligenz nun um viele Jahre verzögern. Unternehmen, die ihre „Hausaufgaben" gemacht haben, das heißt ihre Datenlandschaft bereinigt haben, werden von den Investitionen in ihre eigene Datenlandschaft in Zukunft überdurchschnittlich profitieren. Die hohe Professionalität im Umgang mit Daten ist schon seit Jahren ein entscheidender Wettbewerbsvorteil der Internetgiganten. Sie haben von Anfang an darauf geachtet, alle Daten so zu speichern, dass sie auf fast beliebige Art und Weise ausgewertet werden können.

Für die Speicherung und Verwertung der Daten sind geeignete Infrastrukturen notwendig, deren Investitionen beträchtlich sein können. Hier gilt es abzuwägen, inwiefern Daten zu externen Anbietern, zum Beispiel Cloud-Anbietern, ausgelagert werden können und für welche Daten eigene, interne, Lösungen aufgebaut werden müssen. Da den Daten eine wettbewerbsentscheidende Rolle zukommen kann, bedarf dies sorgfältiger Überlegungen. Unternehmen realisieren derzeit, dass sie nicht in der Lage sind, Künstliche Intelligenz nutzenbringend einzusetzen, weil die für die Anwendungen notwendigen Daten gar nicht oder nicht in genügender Menge und Güte vorhanden sind. Unternehmen, die in der Schweiz in der Anwendung Künstlicher Intelligenz führend sind, berichten, dass für den Bau und Betrieb von Anwendungen Künstlicher Intelligenz zwischen 80 und 90 % des Aufwandes in das sogenannte Data Engineering, das heißt der Bereitstellung und Aufbereitung der Daten in der erforderlichen Qualität, fließt.

2.3 Bias

Die Fähigkeit, autonom zu lernen und zu handeln, unterscheidet Künstliche Intelligenz von anderen in Unternehmen eingesetzten Technologien und ermöglicht automatisierte Entscheidungen und Lösungen (von Krogh 2018). Der Einsatz zunehmend komplexer Künstlicher Intelligenz kann verstärkt zu negativen Folgen wie falschen Entscheidungen, Ungerechtigkeit und Diskriminierung führen. Große negative Folgen können durch Bias bereits im Entwicklungsprozess von Systemen Künstlicher Intelligenz entstehen (Barocas und Selbst 2016).

▶ Im Zusammenhang mit Künstlicher Intelligenz beschreibt Data Bias eine unbeabsichtigte oder potenziell schädliche Eigenschaft von Daten, die zu einer systematischen Abweichung der algorithmischen Ergebnisse führt (Baeza-Yates 2018). Als Bias können im weiteren Sinn unerwünschte Effekte oder Ergebnisse definiert werden, die durch eine Reihe subjektiver Entscheidungen oder Praktiken hervorgerufen werden, die der Entwicklungsprozess für Künstliche Intelligenz beinhaltet (Suresh und Guttag 2019). Für das Auftreten von Bias gibt es mittlerweile einige illustrative Beispiele. Nicht alle beziehen sich dabei auf vielfach öffentlich diskutierte soziale Aspekte wie Diskriminierung, Rassismus oder Sexismus. Immer mehr wird klar, dass Bias auch ernstzunehmende wirtschaftliche Konsequenzen für das Unternehmen, das den Algorithmus verantwortet, haben kann. Direkte wirtschaftliche Konsequenzen von Bias in Algorithmen sind Fehlentscheidungen, nutzlose Ergebnisse oder Kosten für Gerichtsverfahren. Hinzu können indirekte, nicht monetär bewertbare Kosten wie Reputationsschäden kommen.

Unterschiedliche Arten von Bias können in allen Phasen des Entwicklungsprozesses auftreten. Exemplarisch werden im Folgenden zwei ausgewählte Formen von Bias vorgestellt.

• Representation Bias: Dieser tritt auf, wenn die genutzten Daten nicht repräsentativ für die wahre Grundgesamtheit sind. Dieser Bias tritt bereits beim Sammeln der Daten beziehungsweise bei der Stichprobenentnahme auf. Anhand einer Anwendung, die mit Künstlicher Intelligenz Autos erkennen soll, kann dieser Bias illustriert werden. Die äußere Erscheinung von Autos hat sich, wie in Abb. 2.2 exemplarisch dargestellt, bis heute stetig weiterentwickelt. Ein Algorithmus zur Identifizierung von Audis, der mit Bildern alter Modelle trainiert wurde, kann Probleme haben, die aktuellen Modelle der Marke zu erkennen (Abb. 2.2). Ein reales Beispiel für diesen Bias ist der Rekrutierungs-Algorithmus, den Amazon aufgeben musste, da mit diesem Frauen systematisch diskriminiert wurden (Dastin 2018). Das Problem lag in den Trainingsdaten, welche Bewerbungen bei Amazon aus den vergangenen zehn Jahren beinhaltete. Da es in der Vergangenheit überwiegend männliche Bewerber in

Abb. 2.2 Entwicklung der Frontpartie der Autos der Marke Audi (AUDI AG 2020)

der Softwarebranche gab, waren Männer auch in den Trainingsdaten über-
repräsentiert, sodass der Algorithmus auch im tatsächlichen Auswahlprozess
Männer bevorzugte. Wäre dieser Algorithmus nicht abgeschaltet worden, hätte
das Unternehmen nicht nur einen Reputationsschaden erlitten, sondern auch
hochqualifizierte Kandidatinnen als potenzielle Arbeitnehmerinnen verloren.

- Feedback Bias: Wenn der Output der Anwendung Künstlicher Intelligenz die
eigenen Trainingsdaten beeinflusst, kann es zu einem Feedback Bias kommen. Ein ursprünglich kleiner und unauffälliger Bias kann in diesem Fall
schrittweise verstärkt werden. Ein Beispiel hierfür sind Recommender-Systeme
in Electronic-Commerce-Anwendungen. Um den Nutzerinnen und Nutzern
einen bestimmten Inhalt in Form eines Rankings zu empfehlen, werden meist
eine Reihe von Inputvariablen verwendet, darunter zum Beispiel die aktuelle
Beliebtheit eines Inhalts. Wenn ein Inhalt durch ungewöhnliche Umstände
einmal ein hohes Ranking innehat, bekommt dieser eine hohe Beliebtheit
zugeschrieben, wodurch der Inhalt einer hohen Anzahl von Nutzerinnen und
Nutzern empfohlen wird. Hierdurch wird dieser häufiger aufgerufen und das
Ranking verbessert sich weiter. Der Inhalt manifestiert sich auf diese Weise
in der Spitzenposition im Ranking, obwohl er potenziell nur von durchschnitt-
licher Qualität ist. Eine solcher Feedback Bias kann zu Unzufriedenheit der
Nutzerinnen und Nutzer mit dem Service führen, da sie durch ein „Schein-
ranking" Produkte empfohlen bekamen, die ihre Erwartungen nicht erfüllen
konnten.

Es gibt noch weitere Arten von Bias, die auf unterschiedliche Weise die Entscheidungen eines Systems Künstlicher Intelligenz verzerren können. Beim Labeln
der Daten, Auswählen der Variablen, beim Deployment und der Evaluation kann

ein Bias auftreten. Weiterhin kann es vorkommen, dass die Trainingsdaten einen nicht erwünschten, aber real existierenden Zustand der Welt reflektieren, den der Algorithmus in manchen Fällen nicht berücksichtigen sollte (Fahse et al. 2021). Bias führt zu neuen Herausforderungen für Unternehmen, insbesondere da der Bedarf an Trainingsdaten wächst. Organisationen realisieren zunehmend, welche zentrale Bedeutung Daten für Anwendungen Künstlicher Intelligenz auch in Bezug auf Bias haben. Zusätzlich erhöhen beispielsweise soziale Netzwerke stetig die technischen Hürden, Daten von ihren Nutzerinnen und Nutzern als Trainingsdaten zu sammeln, um diese wertvollen Informationen nicht kostenlos teilen zu müssen. Es formieren sich neue Anbieter, die hochwertige Trainingsdaten teilweise mit hohen Investitionen systematisiert und künstlich erzeugen.

Bias wird als eine zentrale Herausforderung im Kontext Künstlicher Intelligenz gesehen. In vielen Domänen, zum Beispiel der Financial Services Industry, ist Bias ein relevantes Thema und damit auch Gegenstand aktueller Forschung (Kruse et al. 2019; Engel et al. 2020). Um Bias zu verhindern gibt es einige Methoden, auf die in Abschn. 4.2 eingegangen wird.

2.4 Managementmodelle

Management Künstlicher Intelligenz wird strukturiert und entsprechend dem Modell des sogenannten Method Engineering (Heym und Österle 1993) dokumentiert. Method Engineering stellt einen strukturierten Prozess dar, um Methoden zur Gestaltung von Unternehmen zu entwickeln. Es wurde zu Beginn der 90er Jahre entwickelt, um Methoden zur Entwicklung von Informationssystemen zu gestalten. In den vergangenen 30 Jahren hat es sich als taugliches Instrument erwiesen, um Managementmodelle in Unternehmen und der Informatik zu strukturieren. Method Engineering gliedert ein Managementmodell in verschiedene Objekte, die es im Rahmen der Entwicklung eines Managementmodells Künstlicher Intelligenz zu konkretisieren gilt:

• Prozesse stellen die Tätigkeiten dar, die notwendig sind, um ein bestimmtes Ziel zu erreichen. Prozesse können in Phasen und Aktivitäten gegliedert werden. Zentrale Prozesse des Managements der Informatik sind beispielsweise „Entwicklung von Informationssystemen", „Betrieb von Informationssystemen" oder „Entwickeln einer Informatikstrategie". Unsere Forschung zu Management Künstlicher Intelligenz kann zur Weiterentwicklung bestehender Prozesse und zur Identifikation und Beschreibung neuer Prozesse für das Management der Informatik führen.

- Ergebnisse werden von Prozessen erzeugt. Management Künstlicher Intelligenz kann zu sehr unterschiedlichen Ergebnissen führen, beispielsweise Ideen, Konzepten, Prototypen, entwickelten Informationssystemen oder Betriebskonzepten. Resultate können unter anderem in Zwischenergebnisse und Endergebnisse gegliedert werden.

- Methoden helfen effizient und effektiv Prozesse so abzuwickeln, dass die geforderten Resultate erreicht werden. Beispiele für Techniken sind „Story Telling" oder „Personas", die aus dem Design Thinking stammen und im Rahmen des Requirements Engineering eingesetzt werden. Ein Überblick über die Methoden findet sich beispielsweise im Design Thinking Handbuch von Uebernickel et al. (2015). Checklisten sind eine weitverbreitete Methode im Management der Informatik. Management Künstlicher Intelligenz wird an dieser Stelle den Einsatz zahlreicher neuer Methoden erfordern.

- Tools sind softwarebasierte Hilfsmittel, mit denen Prozesse zum Erreichen der geforderten Ergebnisse effizient und effektiv abgewickelt werden können. In der Informatik sind in den vergangenen Jahrzehnten sehr viele Tools entwickelt worden und ein riesiger Markt ist entstanden. Management Künstlicher Intelligenz wird viele neue Tools, beispielsweise zum Umgang mit Bias in Trainingsdaten, hervorbringen und den bestehenden Markt stark erweitern.

- Rollen fassen Prozesse oder Aktivitäten zusammen, die von einer Person oder einer Stelle ausgeführt werden. Sie abstrahieren von der organisatorischen Struktur, um keine Organisationsstruktur zu präjudizieren. Beispiele für Rollen im Management der Informatik sind Softwareentwicklung oder Business Analysis.

- Führungsgrößen entsprechen quantifizierbaren Größen, mit denen die Qualität des Managements der Informatik und in Zukunft des Managements Künstlicher Intelligenz gemessen werden kann. Beispiele für Führungsgrößen umfassen beispielsweise Kosten, Anzahl produzierter Lines of Code, Anzahl Unterbrüche oder durchschnittliche Dauer, um einen Service Request abzuwickeln.

In diesem Buch beschreiben wir in Abschn. 4.2 unsere Vorstellungen zu neuen oder veränderten Prozessen im Management der Informatik, um Künstliche Intelligenz professionell einzusetzen. Aus Platzgründen müssen wir auf eine Beschreibung der restlichen Objekte, die ein Managementmodell umfasst, verzichten. Im Rahmen weiterer Forschungsarbeiten und Publikationen planen wir Management Künstlicher Intelligenz entlang der vorgestellten Objekte weiter zu konkretisieren.

Stand in Wissenschaft und Praxis 3

Es gibt zum Zeitpunkt des Verfassens dieses Buchs keine dem Autorenteam bekannten dokumentieren Modelle für das Management Künstlicher Intelligenz. Das Autorenteam kennt einige Managementmodelle aus Anwendungsunternehmen und aus Vorträgen. Diese sind aber nicht so dokumentiert, dass sie im Rahmen dieses Buchs dargestellt werden können. Unsere Beobachtung wird durch eine Umfrage bestätigt, die wir im November 2020 im Rahmen einer Veranstaltung des Instituts für Wirtschaftsinformatik an der Universität St.Gallen mit mehr als 100 Führungskräften durchgeführt haben. Die Teilnehmerinnen und Teilnehmer sind mehrheitlich in der Informatik großer Unternehmen in Deutschland und der Schweiz tätig. Die Frage, ob es in ihren Unternehmen einen Managementprozess gibt, der einen nachvollziehbaren, sicheren und legalen Einsatz Künstlicher Intelligenz sicherstellt, beantworteten 78 % mit „Nein".

Es gibt allerdings in der Wissenschaft erste Ansätze, die sich mit dem Management Künstlicher Intelligenz beschäftigen. So wurde an der Johann Wolfgang Goethe-Universität Frankfurt am Main untersucht, welche Faktoren bei der Vorbereitung von Organisationen auf einen erfolgreichen Einsatz Künstlicher Intelligenz wichtig sind (Kruse et al. 2019). Thomas Hayes Davenport vom Babson College hat sich intensiv mit den Auswirkungen von Künstlicher Intelligenz in Unternehmen beschäftigt (Davenport 2018). Volker Gruhn von der Universität Duisburg-Essen hat einen Herausgeberband zu den Spielregeln von Künstlicher Intelligenz veröffentlicht (Gruhn und von Hayn 2020). Auch für die Praxis sind bereits Bücher erschienen (Davenport et al. 2019; Marr 2019; Sahota 2019; Cole 2020; Upadhyay 2020).

Im folgenden Kapitel wird näher auf Prozessmodelle für Data Science eingegangen, in denen Künstliche Intelligenz zum Einsatz kommt. Zudem werden im weiteren Verlauf zwei gut dokumentierte Managementmodelle für Informatik,

© Der/die Autor(en), exklusiv lizenziert durch Springer Fachmedien Wiesbaden GmbH, ein Teil von Springer Nature 2021
W. Brenner et al., *Bausteine eines Managements Künstlicher Intelligenz*, essentials, https://doi.org/10.1007/978-3-658-33569-4_3

ITIL und COBIT, näher beschrieben. Diese beiden Modelle zeigen, auf welchen Grundlagen ein Management Künstlicher Intelligenz aufbauen kann.

3.1 Prozessmodelle für Data Science

Die ersten Methoden zur Wissensextraktion aus Datenbanken wurden in den 90er Jahren entwickelt und beschreiben notwendige Aktivitäten rund um die Datenanalyse. Fayyad et al. (1996) führten in diesem Zusammenhang den KDD-Prozess ein, der den gesamten Prozess, ausgehend von verfügbaren Daten bis hin zur daraus gewonnenen Generierung von Wissen, strukturiert. KDD steht für „Knowledge Discovery in Databases". Aus heutiger Sicht stellt der KDD-Ansatz eine Pionierarbeit dar, auf den viele der später entwickelten Prozessmodelle aufbauen. Dennoch konzentriert sich der KDD-Prozess vornehmlich auf die Datenanalyse und vernachlässigt darüberhinausgehende Aktivitäten sowie den iterativen Charakter von Datenprojekten. In seiner ursprünglichen Form wird er heute daher kaum noch für die Umsetzung von Projekten verwendet (Mariscal et al. 2010; Piatetsky 2014).

Vor mehr als 20 Jahren wurde das CRISP-DM-Prozessmodell von einem Konsortium konzipiert, das sich zum Ziel gesetzt hatte, ein branchenübergreifendes und allgemeingültiges Framework zu entwickeln (Chapman et al. 2000). CRISP-DM, was für „Cross Industry Standard Process for Data Mining" steht, bietet einen Strukturierungsansatz für Data-Mining-Projekte und beschreibt die Abfolge und Iteration von notwendigen Aktivitäten bei der Projektdurchführung. Das Prozessmodell ist in Abb. 3.1 auf hoher Abstraktionsebene dargestellt. Insbesondere verdeutlicht dieses Modell durch den iterativen Prozess zwischen Business Understanding und Data Understanding die Bedeutung der anwendungsbezogenen Kontextualisierung eines Data-Mining-Projekts. Da sich bis heute die allermeisten Data-Mining-Projekte aus unterschiedlichsten Bereichen, wie beispielsweise Logistik, Tourismus, Sport oder Recht, auf CRISP-DM beziehen, wird er als Quasi-Standard angesehen (Martínez-Plumed et al. 2019). Im Kontext der heutigen vielschichtigen Komplexität, wie zum Beispiel der komplexen Datenverarbeitung und -speicherung, wurde die Reife von CRISP-DM bereits infrage gestellt (Mariscal et al. 2010). Piatetsky (2014) weist darauf hin, dass CRISP-DM die neuen Herausforderungen mit Big Data nicht ausreichend berücksichtigt, weshalb in Projekten zunehmend andere oder abgewandelte Prozessmodelle zugrunde gelegt werden (Mariscal et al. 2010). Kritik gibt es beispielsweise auch aufgrund einer mangelnden Berücksichtigung zentraler Projektaktivitäten, wie zum Beispiel dem Änderungsmanagement (Li et al. 2016) oder der fehlenden Berücksichtigung domänenspezifischer Faktoren (Huber et al. 2019).

Als Ableitung und Verfeinerung des CRISP-DM-Prozesses konzipierte IBM in der Konsequenz den ASUM-DM-Prozess für Projekte im Bereich der prädiktiven Analytik (Abb. 3.1). ASUM-DM steht für „Analytics Solution Unified Method for Data Mining". Hierfür wurde der Wasserfall-Lebenszyklus des CRISP-DM aufgelöst und als iterativer Software-Bereitstellungsprozess konzeptioniert. Ebenso wurde ein durchgängiges Projektmanagement als übergreifende Aktivität integriert. Zu ASUM-DM gibt es nur wenig publiziertes Material (IBM 2016).

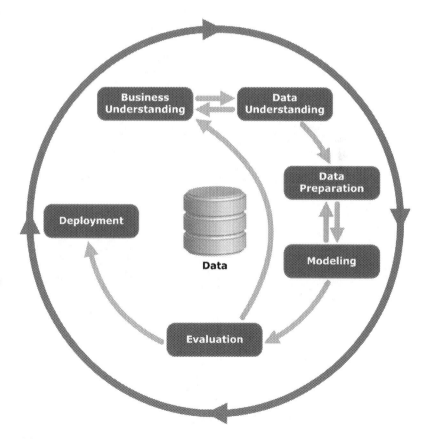

Abb. 3.1 Das CRISP-DM Prozessmodell (Chapman et al. 2000; Jensen 2012)

Steigende Komplexität der Datenermittlung und -verwaltung, unterschiedliche Anforderungen an die Qualifikationen im Projektteam sowie hochkomplexe Software sind wesentliche Herausforderungen in heutigen Projekten. Dem Rechnung tragend veröffentlichte Microsoft im Jahr 2017 den TDSP mit den Schwerpunkten Agilität, Teamzusammenarbeit und Lernen (Martínez-Plumed et al. 2019). TDSP steht für „Team Data Science Process". Das Prozessmodell des TDSP ist auf hoher Abstraktionsebene in Abb. 3.2 dargestellt. Der TDSP ist grundsätzlich mit CRISP-DM und KDD kompatibel, aber adressiert in erster Linie Projekte im Bereich der prädiktiven Analytik, zum Beispiel unter Einbezug von Methoden der Künstlichen Intelligenz (Microsoft 2020). Im Gegensatz zu vielen anderen Modellen schlägt Microsoft in diesem Prozess zusätzlich spezifische Teamrollen für die Projektzusammenarbeit vor und betont die Bedeutung von Soft Skills und Zusammenarbeit zur Förderung der Teamleistung (Abb. 3.2).

Die thematisierten Prozessmodelle zeigen einen Entwicklungspfad von einer schwerpunktmäßigen Datenorientierung hin zu einem umfassenden Data-Science-Projektansatz. Dennoch bauen etablierte Prozessmodelle überwiegend auf der

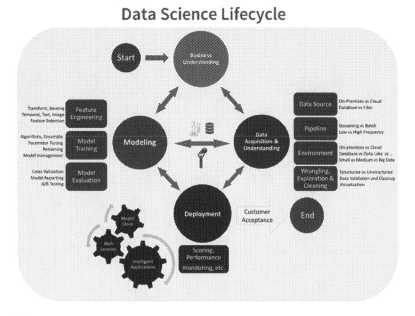

Abb. 3.2 Der TDSP von Microsoft (2020)

Annahme klarer Geschäftsziele auf und haben folglich einen präskriptiven Charakter (Martínez-Plumed et al. 2019). Je nach Ausgangssituation werden in heutigen Projekten erreichbare Geschäftsziele, geeignete Datenquellen oder der Wert in bestehenden Daten gesucht, sodass auch die modernen Prozessmodelle diesem zunehmend explorativen Charakter gerecht werden müssen (Martínez-Plumed et al. 2019). Ebenso verlangt die Datenerfassung, beispielsweise anhand integrierter Sensorik, die Berücksichtigung von Hardware und Infrastruktur als inhärenten Bestandteil eines Projekts. Diese Aspekte der Datenerfassung müssen ebenso aus technischer Sicht betrachtet und in ein ganzheitliches Prozessmodell integriert werden.

Wie vorangehend skizziert ist die Adaption zukünftiger Prozessmodelle an kontextuelle Gegebenheiten, Aspekte der technischen Machbarkeit sowie an menschliche Bedürfnisse ein Handlungsfeld für weitere Entwicklungen. Zusätzlich erfordert das Einbringen von neuen IT-Systemen in den menschlichen Arbeitsbereich bereits in einer frühen Projektphase eine menschzentrierte Systementwicklung. Als wesentliche Komponente im Systemdesign muss Menschzentrierung als Aktivität in einem modernen Prozessmodell verankert sein. Dieser Aspekt wird auch in unserem Ansatz für das Management Künstlicher Intelligenz in Abschn. 4.1 aufgegriffen.

3.2 Management der Informatik

▷ Management der Informatik nutzt die Potenziale der Informatik in Unternehmen oder öffentlichen Verwaltungen, um Geschäftsmodelle, Prozesse und Produkte zu digitalisieren mit dem Ziel Kosten zu senken oder Umsatz zu steigern (Österle et al. 1991).

Bis in die 80er Jahre definierten viele Informatik-Führungskräfte ihr Aufgabenspektrum und wie sie die Aufgaben erledigten weitgehend selbst. Jede Informatikabteilung eines größeren Unternehmens besaß ihre eigenen Prozesse und Strukturen für das Management der Informatik. Ab Mitte der 80er Jahre entstanden dann erste umfassende Modelle für das Management der Informatik. Besonders zu erwähnen sind ITIL (Information Technology Infrastructure Library) und COBIT (Control Objectives for Information and Related Technology).

ITIL (Stationery Office 2019) entstand im Umfeld der britischen Regierung in den 80er Jahren. ITIL bildete das erste einigermaßen umfassende Modell des

Managements der Informatik. Grundlage waren Best Practices großer internationaler agierender Unternehmen. Unterschieden wird ein Service-Provider, das heißt die Informatikabteilung, die den IT-Service erbringt, und deren Kundschaft, die Anwenderinnen und Anwender, die den Service beziehen und dafür bezahlen. Zwischen den beiden Parteien gibt es ein sogenanntes Service-Level-Agreement, das den Umfang, die Qualität und den Preis des Informatikservice festlegt. ITIL ist in den vergangenen 30 Jahren mehrfach überarbeitet worden. ITIL hat eine große und globale Anwendungsgemeinde und ist Grundlage des Managements der Informatik vieler Unternehmen, vor allem im Informatik-Service-Bereich. Im Februar 2019 wurde mit ITIL V4 eine neue Version herausgegeben. Abb. 3.3 zeigt die Managementpraktiken dieser neusten Version von ITIL. Die Managementpraktiken entsprechen den Prozessen des Method Engineering aus Abschn. 4.2 dieses Buchs.

COBIT ist ein weiteres weit verbreitetes Gesamtmodell für das Management der Informatik. Das Modell entstand Mitte der 90er Jahre im Kontext von Wirtschaftsprüfungsunternehmen, die auf der Suche nach einem Modell waren, das es ihnen ermöglicht zu prüfen, ob die Informatik eines Unternehmens „ordentlich" geführt wurde. COBIT war deshalb in seinen ersten Versionen so aufgebaut,

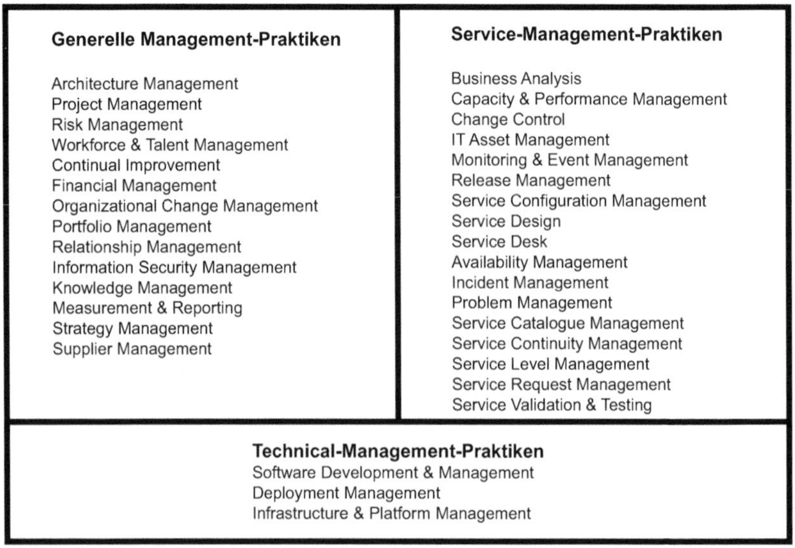

Generelle Management-Praktiken

Architecture Management
Project Management
Risk Management
Workforce & Talent Management
Continual Improvement
Financial Management
Organizational Change Management
Portfolio Management
Relationship Management
Information Security Management
Knowledge Management
Measurement & Reporting
Strategy Management
Supplier Management

Service-Management-Praktiken

Business Analysis
Capacity & Performance Management
Change Control
IT Asset Management
Monitoring & Event Management
Release Management
Service Configuration Management
Service Design
Service Desk
Availability Management
Incident Management
Problem Management
Service Catalogue Management
Service Continuity Management
Service Level Management
Service Request Management
Service Validation & Testing

Technical-Management-Praktiken
Software Development & Management
Deployment Management
Infrastructure & Platform Management

Abb. 3.3 Eigene Darstellung: Prozessmodell von ITIL V4 (Stationery Office 2019)

dass die „control objectives", das heißt die Prüfpunkte, und nicht die Prozesse des Informationsmanagements im Vordergrund standen. COBIT hat sich immer mehr von einem Modell zur Prüfung der Informatik eines Unternehmens zu einem Steuerungsmodell entwickelt. Im Jahr 2018 wurde die letzte Version von COBIT publiziert (Information Systems Audit and Control Association 2018).

Neben ITIL und COBIT gibt es zahlreiche weitere gesamtheitliche Modelle des Informationsmanagements, auf deren Beschreibung wir hier verzichten. Sie stammen von Universitäten, wie beispielsweise der Universität St.Gallen (Österle et al. 1991; Zarnekow et al. 2005; Brenner et al. 2010), der TU München (Krcmar 2015) oder Beratungsunternehmen wie beispielsweise McKinsey und Informatikanbietern wie beispielsweise Microsoft oder IBM.

Wenn man die Modelle in Theorie und Praxis daraufhin untersucht, in welchem Ausmaß und in welcher Qualität sie Management von Künstlicher Intelligenz abdecken, kommt man zu der Erkenntnis, dass die bestehenden Modelle des Managements der Informatik kaum Hilfestellung für das Management Künstlicher Intelligenz anbieten. Insbesondere der Paradigmenwechsel vom Programmieren hin zum Trainieren und dem damit zusammenhängenden Umgang mit erforderlichen Trainings- und Testdaten findet sich in keinem der beiden Modelle.

Managementmodell 4

4.1 Ansatz

Auf der Grundlage von Analysen erfolgreicher Anwendungen, die Künstliche Intelligenz einsetzen, Gesprächen mit Expertinnen und Experten zu den existieren Prozessen zur Datenanalyse und Workshops mit Chief Information Officers großer Schweizer Unternehmen basieren wir unser Modell für das Management Künstlicher Intelligenz auf den drei Handlungsfeldern Machbarkeit, Wirtschaftlichkeit und Erwünschtheit. Abb. 4.1 veranschaulicht unseren Ansatz. Traditionelle Ansätze für das Management der Informatik sind stark auf Machbarkeit und Wirtschaftlichkeit ausgerichtet. Mit Erwünschtheit integrieren wir Konzepte aus dem Human-Centric-Design an prominenter Stelle und damit den Faktor „Mensch".

Viele Jahre der Forschung in Design Thinking und zahlreiche Projekte am Institut für Wirtschaftsinformatik der Universität St.Gallen, bei denen Design Thinking zum Einsatz kam, haben gezeigt, dass Menschzentrierung ein wesentlicher Erfolgsfaktor für Lösungen ist, bei denen Informatik zum Einsatz kommt. Künstliche Intelligenz hat in Unternehmen und in der Gesellschaft bereits große Befürchtungen ausgelöst. Erwünschtheit als integraler Bestandteil unseres Modells für das Management Künstlicher Intelligenz schlägt eine Brücke zwischen den technischen und wirtschaftlichen Aspekten des Einsatzes Künstlicher Intelligenz und dem Faktor Mensch.

Machbarkeit umfasst alle Aspekte eines Managements Künstlicher Intelligenz, die dafür sorgen, dass eine technisch realisierbare und skalierbare Anwendung entsteht, die den rechtlichen Anforderungen genügt. Wenn man die von uns beschriebenen Anforderungen betrachtet, deckt Machbarkeit alle Aspekte ab, die

W. Brenner et al., *Bausteine eines Managements Künstlicher Intelligenz,* essentials, https://doi.org/10.1007/978-3-658-33569-4_4

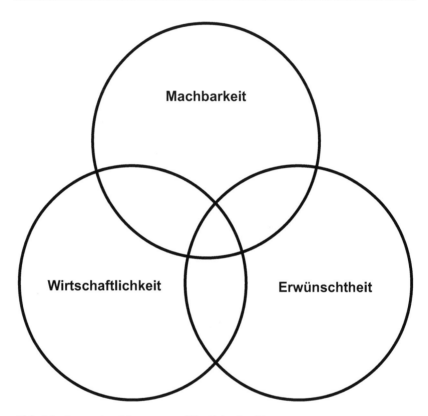

Abb. 4.1 Ansatz eines Managements Künstlicher Intelligenz

notwendig sind, damit zunächst Prototypen und später eine einsetzbare Lösung entstehen. Zufriedenheit über die Nutzung Künstlicher Intelligenz entsteht in vielen Unternehmen und auch bei vielen Geschäftsleitungen schon dann, wenn ein Prototyp irgendwie funktioniert und anscheinend nützliche Ergebnisse erzielt. Fragen zu Trainings- und Testdaten, Skalierung oder rechtliche Aspekte werden verdrängt. Diese Sichtweise verwundert bei der Beschäftigung mit einer neuen Entwicklung der Informatik, wie sie neuronale Netze und Deep Learning darstellen, nicht. Zunächst geht es darum, das „Biest" zu zähmen. Heute schaffen es nur wenige Prototypen, in den produktiven Betrieb überführt zu werden, da vergessen wurde, neben der technischen Machbarkeit auch die „Machbarkeit" des wirtschaftlichen Erfolgs und der Kundenakzeptanz zu berücksichtigen.

Wirtschaftlichkeit steht für Suche und Sicherstellung wirtschaftlichen Erfolgs. Konkret geht es entweder darum, mehr Umsatz zu erzielen oder Kosten einzusparen. Jede Entscheidung im Rahmen des Einsatzes Künstlicher Intelligenz gilt es konsequent auf die wirtschaftlichen Auswirkungen zu untersuchen. Wenn man jedoch die Komplexität, den Umfang der Investitionen und die zu erwartenden Abhängigkeiten berücksichtigt, wird Wirtschaftlichkeit zu einem zentralen Thema. Zumindest aus heutiger Sicht ist es enorm schwierig auf der Grundlage von Prototypen abzuschätzen wie hoch die zusätzlichen Einnahmen sein werden und wie sich Kostensenkungen im Vergleich zum Aufwand verhalten, der beim Betrieb von Anwendungen der Künstlichen Intelligenz entsteht (Davenport und Ronanki 2018). Aus der Analyse der Kosten konventioneller Anwendungen wissen wir, dass nur zehn Prozent der Kosten im Innovations- und Entwicklungsprozess anfallen und 90 % der Kosten betriebsbedingt sind.

Erwünschtheit stellt sicher, dass die mithilfe Künstlicher Intelligenz entwickelten Lösungen von den Zielgruppen und auch von der Gesellschaft akzeptiert werden. Wenn man die Medien aufmerksam verfolgt, gibt es fast jede Woche Mitteilungen, dass Künstliche Intelligenz selbst bei den beabsichtigten Zielgruppen auf Ablehnung stößt. Menschen reagieren mit Ablehnung, wenn sie erfahren, dass an der Tumordiagnostik (May et al. 2020), am Bremsassistenten eines Fahrzeugs (Herrmann et al. 2018) oder bei der Berechnung von Schulnoten (Evgeniou et al. 2020) Künstliche Intelligenz beteiligt ist. Wir sind uns bisher nicht sicher, ob dieses Phänomen mit den seit Jahrzehnten üblichen negativen Reaktionen auf Fortschritte der Informatik vergleichbar ist oder ob es sich um ein neues Phänomen handelt.

4.2 Prozessmodell

Auf der Grundlage bestehender Ansätze in Wissenschaft und Praxis für das Management Künstlicher Intelligenz sowie Erfahrungen bei der Konstruktion von Managementmodellen wird in diesem Kapitel ein Prozessmodell für das Management Künstlicher Intelligenz entwickelt. Es zeigt, wie das Management der Informatik zu einem Management Künstlicher Intelligenz weiterentwickelt werden kann. Das zugrunde liegende Prozessmodell des Managements der Informatik ist in Abb. 4.2 dargestellt. Es basiert auf den Prozessmodellen von ITIL, COBIT und etablierten Prozessmodellen aus der Praxis.

Management Künstlicher Intelligenz bedeutet nicht ein spezielles Managementsystem für Künstliche Intelligenz in den Unternehmen zu etablieren, sondern

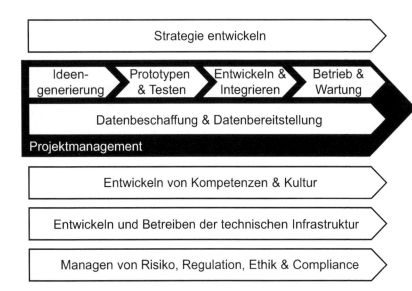

Abb. 4.2 Rudimentäre Prozesse des Managements Künstlicher Intelligenz

bestehende Managementmodelle für Informatik weiterzuentwickeln, die seit vielen Jahren in allen Unternehmen vorhanden sind. Deshalb ist der Beschreibung der einzelnen Prozesse eine Definition vorangestellt, was der jeweilige Prozessschritt im Rahmen des Managements der Informatik bedeutet. Anschließend wird auf die speziellen Erfordernisse eines Managements Künstlicher Intelligenz eingegangen. Das Prozessmodell erhebt in dieser Version noch keinen Anspruch auf vollständige Abdeckung aller Aspekte eines Managements Künstlicher Intelligenz. Wenn Leserinnen und Leser dieses Buchs bemängeln, dass einzelne Prozesse der Informatik, beispielsweise Controlling, in unserem Prozessmodell nicht vorkommen, sei darauf hingewiesen, dass in den meisten Unternehmen und in Modellen wie ITIL und COBIT Controlling und Wirtschaftlichkeit fest verankert sind. Unser Prozessmodell konzentriert sich auf die Prozesse, bei denen wir von starken Veränderungen durch die Nutzung Künstlicher Intelligenz ausgehen.

Das Prozessmodell besteht aus einem Kernprozess, der die Entwicklung von Anwendungen Künstlicher Intelligenz strukturiert und in die Prozessschritte „Ideengenerierung", „Prototypen & Testen", „Entwickeln & Integrieren", „Betrieb & Wartung", „Datenbeschaffung & Datenbereitstellung" sowie „Projektmanagement" gliedert. Dieser Kernprozess wird unterstützt durch die Prozesse „Strategie entwickeln", „Entwickeln von Kompetenzen & Kultur", „Entwickeln und Betreiben der technischen Infrastruktur" und „Managen von Risiko, Regulation, Ethik & Compliance".

▶ **Strategie entwickeln** Das Entwickeln einer Strategie ist dafür verantwortlich, dass die langfristigen Ziele, Projekte und Ressourcen sowie Managementprozesse unter Berücksichtigung Künstlicher Intelligenz festgelegt werden. Zudem ist dieser Prozess verantwortlich für die Abstimmung der Strategie der Künstlichen Intelligenz mit der Unternehmens- und Informatikstrategie.

Die Nutzung Künstlicher Intelligenz kann große Auswirkungen auf Geschäftsstrategie, Geschäftsmodell und Informatikstrategie des Unternehmens haben. Eine strategische Positionierung und Verankerung Künstlicher Intelligenz ist damit unerlässlich. Bei einem unkoordinierten und opportunitätsgetriebenen Umgang mit Künstlicher Intelligenz besteht die Gefahr, dass ein nicht abgestimmter und am Ende unwirtschaftlicher „Flickenteppich" an lokalen Prototypen und Anwendungen entsteht, der durch bereichsspezifische sowie persönliche Interessen motiviert wurde.

Die bestehenden Unternehmens- und Informatikstrategien müssen auf den Prüfstand gestellt und an die Anforderungen der Nutzung Künstlicher Intelligenz angepasst werden. Es gilt unter anderem Ziele zu setzen, Einsatzschwerpunkte festzulegen, Ressourcen zu genehmigen und Managementprozesse einzurichten, die einen professionellen Umgang mit Künstlicher Intelligenz gewährleisten. Eine zentrale strategische Entscheidung betrifft die Einsatzschwerpunkte. Künstliche Intelligenz kann unter anderem zur Automatisierung fast aller internen Prozesse, der Kundenschnittstelle und der Kundenprozesse oder auch zur Erweiterung der Funktionalität von Produkten eingesetzt werden. Auf strategischer Ebene gilt es festzulegen, mit welchen Prioritäten vorgegangen wird. Eine enge Abstimmung der Unternehmensstrategie und der Informatikstrategie ist notwendig, um einen optimalen Einsatz Künstlicher Intelligenz zu gewährleisten.

Der strategische Einsatz Künstlicher Intelligenz führt zu einem datengetriebenen Unternehmen. Je mehr Prozesse eines Unternehmens digitalisiert werden, umso mehr Chancen bietet der Einsatz Künstlicher Intelligenz. Voraussetzung ist aber, dass die Datenlandschaft eines Unternehmens eine sinnvolle Nutzung Künstlicher Intelligenz ermöglicht. In vielen Unternehmen sind deshalb in einem ersten Schritt die bestehenden Kernsysteme, die in den letzten Jahrzehnten entstanden sind, abzulösen. Nur dann stehen die internen Daten so zur Verfügung, dass ein sinnvoller Einsatz Künstlicher Intelligenz möglich ist. Die damit einhergehenden Investitionen sind beträchtlich. Zu diesen Bereitstellungskosten kommen die Investitionen für Personal und Infrastruktur hinzu, die für die eigentlichen Projekte mit Künstlicher Intelligenz benötigt werden. Ob, wie und in welchem Zeitraum diese Investitionen getätigt werden, kann nur strategisch und auf Geschäftsleitungsebene entschieden werden. Daneben gilt es im Rahmen der strategischen Überlegungen fundierte Aussagen zu Make-or-Buy, dem Umgang mit den Internetgiganten, ethischen Prinzipien und dem Umgang mit den Risiken und organisatorischen Fragen, beispielsweise ob ein eigener Bereich einzurichten ist, zu treffen. Voraussetzung ist, dass auf Ebene der Geschäftsleitung genügend Kompetenz vorhanden ist.

Kontrollfragen

* Sind die notwendigen Fähigkeiten und Kompetenzen im Unternehmen vorhanden, um sich mit Künstlicher Intelligenz zu beschäftigen?
* Gibt es eine Unternehmenskultur, die den Umgang mit neuen, komplizierten und komplexen Technologien wie Künstlicher Intelligenz erlaubt?
* Sind die notwendigen finanziellen und personellen Ressourcen verfügbar, die einen professionellen Umgang mit Künstlicher Intelligenz ermöglichen?
* Gibt es ein Managementsystem, das eine systematische statt einer opportunitätsgetriebenen Beschäftigung mit Künstlicher Intelligenz erlaubt?
* Gibt es von der Geschäftsführung und, wenn notwendig, vom Aufsichtsrat verabschiedete Dokumente, beispielsweise einen Strategiebeschluss, zum Umgang mit Künstlicher Intelligenz?
* Sind die Mitarbeiterinnen und Mitarbeiter ausreichend informiert über den strategischen Umgang mit Künstlicher Intelligenz?
* Sind in der Strategie für den Einsatz Künstlicher Intelligenz Erwünschtheit, Machbarkeit und Wirtschaftlichkeit als Grundlage des Einsatzes Künstlicher Intelligenz verankert?
* Sind Ziele und messbare Größen definiert, die eine Beurteilung des Erfolgs des Einsatzes Künstlicher Intelligenz ermöglichen?

◄

▶ **Projektmanagement** Das Projektmanagement ist dafür verantwortlich, dass Informatikprojekte im Rahmen des vereinbarten Lieferobjekts unter Einhaltung des Termin- und Ressourcenplans durchgeführt werden. Das Projektmanagement muss zusätzlich spezifische Herausforderungen adressieren, die durch den Einsatz Künstlicher Intelligenz entstehen.

In den vergangenen 60 Jahren wurden durch Wissenschaft und Praxis großes Wissen und vielfältige Erfahrungen im Projektmanagement aufgebaut. Das Management von Projekten Künstlicher Intelligenz basiert auf Erfahrungen und Erkenntnissen des Managements komplexer Informatikprojekte und verwendet sie, wie es in den entsprechenden Projektmanagementmethoden vorgesehen ist.

Aus unserer Sicht ist es bei Projekten Künstlicher Intelligenz zentral, dass von Anfang an realistische Erwartungen erweckt werden, die notwendigen Ressourcen verfügbar sind und die für ein Projekt notwendigen Kompetenzen bei den Projektbeteiligten vorhanden sind. Aus Sicht des Managements Künstlicher Intelligenz ist dafür eine umfassende Stakeholder-Analyse von besonderer Bedeutung. Sie ist ein zentrales Instrument, um dem Kriterium Erwünschtheit bei einem Projekt Rechnung zu tragen. Zudem gewährleistet eine Stakeholder-Analyse, dass in den Projektgremien alle Interessensgruppen vertreten sind. Dies verhindert Widerstand und Opposition von Interessensgruppen, die nur deshalb gegen ein Projekt operieren, weil sie zu wenig wissen oder weil sie nicht in den Projektgremien vertreten sind.

Kontrollfragen

- Wurden die Lieferobjekte für die Komponenten der Künstlichen Intelligenz eindeutig definiert?
- Kann ein realistischer Projektplan mit Meilensteinen definiert werden?
- Können mit den verfügbaren Ressourcen und Kompetenzen die spezifischen Herausforderungen bearbeitet werden?
- Wurden bei der Stakeholder-Analyse alle Key-Player und Interessengruppen identifiziert?
- Ist ein Vorgehensmodell etabliert, nach dem im Projekt gearbeitet werden kann?
- Sind funktionale und nicht-funktionale Anforderungen so weit verstanden, dass abgeschätzt werden kann, ob und wie Künstliche Intelligenz zum Einsatz kommen soll beziehungsweise kann?
- Können erste Pilotstudien definiert werden, die Wert für das Unternehmen generieren, falls große Unsicherheit in Bezug auf Künstliche Intelligenz besteht beziehungsweise noch wenig Projekterfahrung vorliegt?

◄

▶ **Ideengenerierung** Die Ideengenerierung ist dafür verantwortlich, dass laufend innovative Vorschläge für neue Informatiklösungen oder zur Weiterentwicklung bestehender Informatiklösungen entwickelt werden. Im Rahmen der Ideengenerierung muss ein Grundverständnis zu Fähigkeiten Künstlicher Intelligenz vorliegen.

Im Prozess „Ideengenerierung" werden Ideen für den Einsatz Künstlicher Intelligenz in Unternehmen entwickelt. Dabei gilt es so systematisch wie möglich alle Prozesse eines Unternehmens, die Produkte, die Dienstleistungen und das Geschäftsmodell des Unternehmens daraufhin zu untersuchen, ob der Einsatz Künstlicher Intelligenz von Nutzen sein kann. Ziel ist es, im Idealfall geschäftliche Anwendungsfälle und Prototypen zu entwickeln, die technisch machbar, menschlich erwünscht und wirtschaftlich sinnvoll sind. In umfangreichen Anwendungslandschaften gilt es, Chancen für den Einsatz Künstlicher Intelligenz zu identifizieren. Ein Beispiel ist die auf Künstlicher Intelligenz basierende Identifikation von Anomalien in den Buchungs- oder Spesendaten, die auf Compliance-Verstöße hinweisen. Beispielsweise liefert Design Thinking (Kelley und Kelley 2013; Brown 2019; Uebernickel et al. 2015) Methoden und Tools, die geeignet sind, diese Anforderungen bei der Entwicklung sicherzustellen und – wenn richtig angewendet – erste rudimentäre Prototypen zu realisieren und damit bereits die Grundlagen für die Arbeiten im zweiten Prozessschritt „Prototypen & Testen" zu legen.

Damit dies gelingen kann, ist es zum einen wichtig ein Grundverständnis von Künstlicher Intelligenz zu vermitteln und zum anderen Methoden zu kennen und zu beherrschen, mit denen Bedürfnisse der Nutzerinnen und Nutzer erhoben und verstanden werden können. Dies beinhaltet zum Beispiel die systematische Durchführung und Analyse von Interviews mit Nutzerinnen und Nutzern, das aufmerksame Beobachten von Domänenexpertinnen und Domänenexperten bei der Bewältigung relevanter Aufgaben oder auch die Durchführung von Fokusgruppen-Workshops. Für die anschließende Ideengenerierung gilt: Voraussetzung für gute Ideen ist es, viele Ideen zu haben. Dementsprechend werden geeignete Kreativitätstechniken, zum Beispiel Brainstorming, Brainwriting oder Crazy-Eight eingesetzt, um ein möglichst breites und vielfältiges Spektrum an Ideen für den Einsatz Künstlicher Intelligenz zu generieren. Dies schafft die Grundlage für erste Hypothesen und später das Experimentieren und Testen mit Prototypen.

Das „Periodensystem der Künstlichen Intelligenz" liefert eine gute Übersicht über verfügbare Elemente der Künstlichen Intelligenz, die auch untereinander kombiniert werden können (Bitkom 2018). Es gibt hierfür verschiedene Einsatzszenarien. Produkte, die Künstliche Intelligenz einsetzen, können miteinander verglichen werden. Ebenso können die organisationale Wirkung und die Wertschöpfungspotentiale Künstlicher Intelligenz aufgezeigt werden. Die Elemente sind jeweils drei Gruppen, nämlich „assess", „infer" und „respond", zugeordnet und spiegeln damit auch das Verhalten eines „intelligenten Agenten" wider: assess – Information aus der Umwelt wahrnehmen, infer – Entscheidung treffen, respond – Handlung auslösen. Ein Anwendungsfall wird durch die Auswahl mindestens eines Elements aus jeder Gruppe repräsentiert. Ein Roboterauto muss zum Beispiel die aktuelle Verkehrssituation einschätzen (assess), die Wahrscheinlichkeit eines Unfalls für den nächsten Zeitschritt berechnen (infer) und eventuell ein Brems- oder Ausweichmanöver einleiten (respond). Jeder dieser Schritte wird in Form eines Elements konkretisiert.

Ein Vorschlag ist, sich bei der Bewertung von Ideen und Prototypen an den drei Kriterien Erwünschtheit, Machbarkeit und Wirtschaftlichkeit zu orientieren. Durch die Kriterien Erwünschtheit und Wirtschaftlichkeit ist sichergestellt, dass es nicht einseitig um technische Machbarkeit geht. Dies ist bei vielen gescheiterten Projekten mit Künstlicher Intelligenz der Fall. Das Generieren von Ideen, die den Kriterien Erwünschtheit, Machbarkeit und Wirtschaftlichkeit entsprechen, erproben wir an der Universität St.Gallen in einer Lehrveranstaltung, in der Design Thinking mit dem Einsatz Künstlicher Intelligenz verbunden wird (*Design Thinking for AI* 2020).

Kontrollfragen

- Sind ausreichend Kenntnisse über Methoden der Ideengenerierung und Ideenbewertung vorhanden?
- Sind die rechtlichen Rahmenbedingungen und insbesondere Eigentumsrechte an benötigten Daten, Datenschutz, Compliance der angedachten Services, die Künstlicher Intelligenz einsetzen, geklärt?
- Ist geklärt, welche Geschäftsmodelle zu den generierten Ideen passen?
- Kann der Aufwand zur Umsetzung der generierten Ideen geschätzt werden?
- Wurden Domänenexpertinnen und Domänenexperten in hinreichendem Umfang in die Ideengenerierung mit einbezogen?

◄

▶ **Prototypen & Testen** Der Bau von Prototypen und das Testen sind dafür verantwortlich, dass die im vorherigen Prozess „Ideengenerierung" als umsetzungswürdig bewerteten Ideen zu Prototypen weiterentwickelt werden. Der Bau von Prototypen und das Testen im Kontext Künstlicher Intelligenz fokussiert auf die Kriterien Machbarkeit, Wirtschaftlichkeit und Erwünschtheit.

Der Auswahl der geeigneten Methode der Künstlichen Intelligenz kommt im Rahmen des Bauens und Testens von Prototypen große Bedeutung zu. In Abschn. 2.1 findet sich ein kurzer Überblick über das Methodenspektrum der Künstlichen Intelligenz. Auf der einen Seite ist profundes Wissen über Künstliche Intelligenz notwendig und auf der anderen Seite muss immer wieder mit mehreren Methoden der Künstlichen Intelligenz experimentiert werden, um eine gute Auswahl zu treffen. Sehr oft ist die zur Verfügung stehende Hardware nicht in der Lage, die notwendige Methode der Künstlichen Intelligenz zu verarbeiten. Machbarkeit bedeutet auch, dass die notwendigen Trainingsdaten vorhanden sind. Neben der Datenverfügbarkeit ist es essenziell, dass die involvierten Entwickler bestehende und neue Daten sowie deren Eigenschaften verstehen. Hierfür ist die Zusammenarbeit zwischen Expertinnen und Experten im Bereich Data Science und den entsprechenden Domänenexpertinnen und Domänenexperten im Rahmen geeigneter Formate notwendig, zum Beispiel durch Data-Understanding-Workshops.

Neben der technischen Machbarkeit ist die menschliche Erwünschtheit ein, wenn nicht das zentrale Problem im Rahmen des zweiten Prozessschrittes „Prototypen & Testen". Aus vielen Innovationsprojekten mit Design Thinking haben wir gelernt, dass sogenannte User Tests bei Anwenderinnen und Anwendern beziehungsweise bei Kundinnen und Kunden ein sehr vielversprechender Weg sind, um die Erwünschtheit einer Lösung herauszufinden. Die Prototypen müssen so weit implementiert sein, dass sie von Menschen testbar sind. Nur so ist es möglich, einen Eindruck zu gewinnen, wie groß die Erwünschtheit einer Lösung ist und ob sie im späteren produktiven Einsatz gegen Entgelt benutzt werden wird. Design Thinking, Human-Computer-Interaction Design und andere Wissensgebiete aus Wissenschaft und Praxis stellen sehr viele Methoden und Werkzeuge bereit, um das User Testing vorzunehmen. Beim Bauen und Testen von Prototypen gilt es, Ideen möglichst frühzeitig und vielseitig zu verproben. Im Grunde handelt es sich um ein Co-Design von Lösungen, bei denen Nutzerinnen und Nutzer und Entwicklerinnen und Entwickler relevante Eigenschaften einer Lösung im Dialog erarbeiten. Diese Vorgehensweise hat einige entscheidende Vorteile. Hierzu zählt die Integration von Erkenntnissen und Perspektiven der Nutzerinnen und Nutzer in den Entwicklungsprozess, sodass relevante Systemeigenschaften eng an ihren Bedürfnissen orientiert werden. Damit einher geht die Abmilderung von Vorbehalten, was schließlich die Erhöhung der Akzeptanz begünstigt.

Der dritte Schritt im Rahmen des Prozessschrittes „Prototypen & Testen" beschäftigt sich mit der Wirtschaftlichkeit. Auf der Grundlage der Prototypen und der Erfahrungen aus den User Tests sollte es möglich sein, Schätzungen zum ökonomischen Nutzen zu machen. Dabei ist es leichter, aber auch nicht sehr leicht, die Kosten für Entwicklung und Betrieb zu schätzen. In der Regel wird der Aufwand, vor allem wenn man sich in einem neuen Gebiet bewegt, massiv unterschätzt. Wir haben aus vielen innovativen Projekten gelernt, dass bei der Evaluation der Prototypen eine konstruktiv nüchterne Sichtweise anzustreben ist. Vor allem bei neuen und gehypten Technologieprojekten herrscht eine sehr euphorische Stimmung, bei der Risiken unter- und zukünftiger Nutzen überbewertet werden. Eine solide Risikoanalyse ist für uns an dieser Stelle ein weiterer wichtiger Bestandteil des Prozesses. Im Rahmen dieses Schrittes gilt es auch, über die Voraussetzungen zur Implementierung nachzudenken. Wie bei allen Informatikprojekten stellt sich auch bei Projekten, bei denen Künstliche Intelligenz im Mittelpunkt steht, die Frage nach „make" oder „buy". Die Abhängigkeit von Technologiegiganten wie Google, Amazon und IBM, deren Technologieangebote sehr oft zur Erstellung von Prototypen verwendet werden, ist anscheinend mittel- und langfristig noch herausfordernder als die Zusammenarbeit mit traditionellen Softwarefirmen wie SAP, Oracle oder Salesforce. Bei der Erstellung von Prototypen in Zusammenarbeit mit Technologiegiganten können die Rechte an den eigenen Daten verloren gehen, was eine neuartige Herausforderung darstellt.

Kontrollfragen

* Wurde untersucht, ob Prototypen auch ohne Künstliche Intelligenz und unter Einsatz konventioneller Methoden zum gewünschten Ergebnis führen können?
* Sind die einem Prototypy zugrunde liegenden Technologien so weit evaluiert worden, dass belastbaren Aussagen getroffen werden können?
* Sind Qualität und Quantität der benötigten Daten gesichert?
* Können die benötigten Daten im produktiven Geschäftsbetrieb erhoben werden und kann der untersuchte Prozess mit Daten gesteuert werden?
* Ist geklärt, zu welchen Zeitpunkten Entscheidungen bezüglich eingesetzter Algorithmen wieder aufgenommen und überdacht werden müssen?
* Kann die zu erwartende Komplexität der angedachten Software- und Hardware-Lösung beurteilt und beherrscht werden?
* Stehen geeignete Methoden des Architekturentwurfs zur Verfügung?
◀

▶ **Entwickeln & Integrieren** Das Entwickeln und Integrieren ist dafür verantwortlich, dass ausgewählte Prototypen in produktive Lösungen umgesetzt und zudem in die bestehende Anwendungs- und Infrastrukturlandschaft integriert werden. Im Kontext Künstlicher Intelligenz muss insbesondere der Umgang mit Trainings- und Testdaten berücksichtigt werden.

Informationssysteme wurden und werden, unabhängig vom Einsatzbereich, in der Regel programmiert, das heißt aus Ideen wird Code. Im Rahmen des Softwareengineerings und der angrenzenden Gebiete, wie zum Beispiel der Datenmodellierung oder dem Projektmanagement, wurde ein enormer Wissens- und Erfahrungsschatz aufgebaut, wie Software unterschiedlicher Komplexität erfolgreich entwickelt und betrieben werden kann. Wenn die Lösung, bei der Künstliche Intelligenz zum Einsatz kommen soll, programmiert wird, gelten alle Regeln und alle Erfahrungen der Softwareentwicklung. In der kommerziellen Internetwelt – vor allem, wenn es um Apps auf mobilen Geräten geht – sind heute agile Methoden dominierend. Wenn es um große, komplexe Softwareprojekte und um Software in Embedded Systems geht, dominiert aus unserer Sicht immer noch das Wasserfallmodell. Die Entwicklung von Anwendungen, in denen Künstliche Intelligenz zum Einsatz kommt, kann sowohl in agil arbeitenden Projekten als auch in Projekten, die entlang dem Wasserfallmodell abgewickelt werden, zum Einsatz kommen. Wichtig ist aus unserer Sicht ein klarer Entscheid für eine der beiden Vorgehensweisen, wobei nach unserer Erfahrung der agile Ansatz in Bezug auf das Management von Risiken der Künstlichen Intelligenz eindeutig von Vorteil ist.

In der Regel ist Künstliche Intelligenz ein Teil einer Anwendung oder einer Softwarelandschaft. Entsprechend muss der Teil der Anwendung, der sich Künstlicher Intelligenz bedient, in die Anwendung oder Anwendungslandschaft integriert werden. Dies bedeutet, dass alle Regeln und Erfahrungen aus der klassischen Softwareentwicklung bezüglich Architekturen, Schnittstellen und Herausforderungen bei der Integration auch für Projekte mit Künstlicher Intelligenz gelten. Insbesondere das Testen dieser Anwendungen ist eine große Herausforderung, da es sich gezeigt hat, dass Tests oft nicht ausreichend waren, um sichere Aussagen zum Verhalten von Systemen Künstlicher Intelligenz in der Praxis abzuleiten.

Informationssysteme, die neuronale Netze im Rahmen des Deep Learnings verwenden, werden vor allem trainiert (van Giffen et al. 2020). Eine Parametrisierung findet statt, wenn zum Beispiel die Architektur des Netzes festgelegt wird. Sehr viel programmiert werden muss allerdings, um die Daten für das Trainieren und Testen aufzubereiten. Ausgangspunkt des Trainierens sind die Trainingsdaten, die je nach gewählter Methode der Künstlichen Intelligenz gelabelt, das heißt zugeordnet, werden müssen. Wenn man ein neuronales Netz trainieren möchte, um beispielsweise Hunde zu erkennen, wird ein Trainingsdatensatz mit sehr vielen Bildern von Hunden, die mit „Hund" gelabelt sind, benötigt, sowie gegebenenfalls Bilder von anderen Tieren, die als „nicht Hund" gelabelt werden. Das neuronale Netz erkennt mithilfe des Trainierens in den Trainingsdaten vorhandene Muster, die für die Zuordnung eines Bildes zum Begriff „Hund" statistisch signifikant sind. Welches Muster ein tiefes neuronales Netz erkannt hat, ist der menschlichen Analyse in der Regel nicht zugängig, weshalb Forschungen zur Transparenz und Erklärbarkeit von Entscheidungen durch Künstliche Intelligenz zurzeit sehr umfangreich betrieben werden. Es kann vorkommen, dass es zufällige Ansammlungen von Pixeln im Hintergrund der Hundebilder sind, die das neuronale Netz als Entscheidungsgrundlage verwendet. Aus diesem Grund können auch Klassifikationsfehler auftreten. In diesem Beispiel ist die positive Klasse „Hund" und die negative Klasse „nicht Hund". Als „falsch positiv" („false positive") wird der Fall bezeichnet, dass beispielsweise eine Katze als Hund erkannt wird. Ein „falsch negativer" („false negative") Fall liegt vor, wenn ein Hund nicht als Hund erkannt wird. Wenn man nicht nur Hunde, sondern einzelne Hunderassen erkennen möchte, müssen die Bilder zusätzlich mit den Rassen, zum Beispiel „Neufundländer" oder „Bernhardiner" gelabelt sein. Verändern sich also die Anforderungen an die Entscheidungen, die mithilfe eines Systems Künstlicher Intelligenz unterstützt oder automatisiert werden sollen, dann zieht dies einen aufwendigen Prozess des Neutrainierens auf der Grundlage neuer Daten nach sich.

Das Trainieren von Modellen muss an prominenter Stelle in Managementmodellen für Künstliche Intelligenz berücksichtigt werden. Zu diesen neuen Prozessen, die es im klassischen Informationsmanagement nicht gibt, gehören unter anderem das Beschaffen von Trainings- und Testdaten, das Labeln von Daten und das Messen des Bias in den Daten. Für das Management von Künstlicher Intelligenz gilt es bereits bei der Beschaffung der Trainings- und Testdaten zu erkennen, welchen Anforderungen diese genügen müssen, und herauszufinden, ob allenfalls käufliche Daten den Anforderungen entsprechen. Ebenso gilt es zu prüfen, ob die Trainingsdaten regelmäßig neu erhoben werden müssen, um sie den Veränderungen der Zeit anzupassen. Sollten keine geeigneten Daten erhältlich sein, müssen die Daten vom Unternehmen selbst erstellt werden. Zur Aufteilung der erstellten Daten in Trainings- und Testdaten gibt es etablierte Methoden, welche die Unabhängigkeit von Trainings- und Testdaten sichern (Bishop 2007).

Das Trainieren von stochastischen Modellen bringt aber auch Gefahren mit sich, die im Managementmodell durch neue Prozesse adressiert werden müssen. Eine Gefahr ist das Auftreten von Bias, das die in Abschn. 2.3 angesprochenen negativen Auswirkungen haben kann. Um Bias zu verhindern, muss der gesamte Entwicklungsprozess von Produkten, die Künstliche Intelligenz verwenden, betrachtet werden. Verschiedene Verhinderungsmethoden müssen in unterschiedlichen Phasen angewandt werden und wirken sich teilweise erst in späteren Phasen des Entwicklungsprozesses positiv aus. Hierbei spielen sowohl technische als auch nicht-technische Methoden eine Rolle. In den frühen Projekt-phasen und in der Deployment-Phase dominieren nicht-technische Methoden, da in diesen Projektphasen auf rein technische Aspekte wenig Einfluss genommen werden kann. Beispielsweise kann die Wahrscheinlichkeit des Auftretens von Bias verringert werden, indem ein diverses Team zusammengestellt wird. Hierdurch wird erreicht, dass von Anfang an verschiedene Blickwinkel auf das zu lösende Problem existieren. Ebenso kann der Austausch mit Domänenexpertinnen und Domänenexperten sehr hilfreich sein, um geeignete Variablen auszuwählen. In diesem Zusammenhang müssen häufig Proxyvariablen ausgewählt werden, da die eigentlich interessante Variable nicht oder nur schwer gemessen werden kann. In den Projektphasen, die das Entwickeln und Trainieren der Algorithmen behan-deln, stehen eher technische Methoden zum Vermeiden von Bias zur Verfügung. So können beispielsweise Repräsentationen von Daten gefunden werden, wel-che keine Informationen in Bezug auf eine geschützte Variable wie „Geschlecht" oder „Ethnische Gruppe" enthalten (Zemel et al. 2013). In diesem Zusammen-hang tritt jedoch nicht selten das Problem auf, dass eine andere Variable als Proxyvariable die geschützte Variable repräsentiert und die geschützte Variable somit indirekt wieder Einfluss nimmt (Barocas und Selbst 2016). Beispielsweise könnte in manchen Ländern die Variable „Postleitzahl" eine Proxyvariable für „Ethnische Gruppe" sein.

Kontrollfragen

- Gibt es einen standardisierten Prozess, Prototypen in den produktiven Betrieb zu überführen?
- Gibt es Klarheit über die zu erkennenden Merkmale und deren eindeutige Attribute?
- Gibt es eine Datenerhebungsstrategie über den gesamten Lebenszyklus und werden entstehende Aufwände, wie zum Beispiel das kontinuierliche Labeln der Daten, berücksichtigt?
- Sind geeignete Methoden bekannt, um Bias in Trainingsdaten zu erkennen?
- Sind Methoden zum Erkennen von falsch positiven und falsch negativen Fällen mit vertretbarem Aufwand implementierbar, um Risiken mit großen Auswirkungen abzufangen?

◀

▶ **Betrieb & Wartung** Der Betrieb und die Wartung sind dafür verantwortlich, dass die fertig entwickelten Anwendungen produktiv laufen und bedarfsgerecht weiterentwickelt werden. Damit stehen die Systeme den Anwenderinnen und

Anwendern, beziehungsweise bei nach außen gerichteten Systemen den Kundinnen und Kunden, zur Verfügung. Im Kontext von Künstlicher Intelligenz sind neue Phänomene wie „out of range behavior" und „concept drift" zu berücksichtigen.

Zu den Subprozessen, die dem Prozess „Betrieb & Wartung" zugeordnet sind, gehören die laufende Überwachung der Systeme, beispielsweise in Bezug auf Antwortzeiten (Latency) und Verfügbarkeiten. Daneben müssen die Systeme gewartet werden, das heißt an Veränderungen der Infrastruktur sowie Weiterentwicklungen der Betriebssysteme angepasst werden. Ebenso müssen Sicherheitsaspekte und die Einhaltung gesetzlicher Vorschriften, beispielsweise von Regelungen zum Datenschutz, berücksichtigt und eingehalten werden. Zudem gehört der Betrieb der Infrastruktur zu den Kernaufgaben des Prozesses „Betrieb & Wartung". Viele der Anwendungen, die derzeit entwickelt werden, sind auf Betrieb in der Cloud ausgerichtet. Dies erhöht die Komplexität der Anwendungen, senkt aber nach verlässlichen Aussagen tendenziell die Kosten des Betriebs. Grundsätzlich erfolgt der Betrieb von Anwendungen mit Künstlicher Intelligenz nicht anders als bei anderen Anwendungen.

Daneben gilt es, erkannte Fehler in den Anwendungen so schnell wie möglich zu beseitigen. Liegt ein Fehler beispielsweise im Deep Learning vor, so ist dieser möglicherweise auf die Qualität der Trainingsdaten zurückzuführen (D'Amour et al. 2020). Dort die genaue Ursache zu erkennen, die Trainingsdaten korrekt zu bereinigen und die Anwendung neu zu trainieren ist nicht nur sehr aufwendig, sondern auch nicht immer möglich. Erschwerend kommt hinzu, dass das Erkennen von Fehlern in Entscheidungen, die auf dem Einsatz Künstlicher Intelligenz basieren, verzögert sein kann. Da der Zusammenhang zwischen Input und Output in der Regel sehr komplex ist, kann ein Fehler möglichweise erst dann erkannt werden, wenn er bereits in drastischer Form auftritt.

Wenn Methoden des Maschinellen Lernens zum Einsatz kommen, ist zu prüfen, ob ein „out of range behavior" (Amodei et al. 2016) oder „concept drift" (Schlimmer und Granger 1986) in der Anwendungsumgebung potenziell vorliegen könnte. Das „out of range behavior" beschreibt die Leistungsfähigkeit von Systemen Künstlicher Intelligenz in Situationen, die im Trainingsdatenset nicht vorkommen. Das System zeigt dabei häufig keine guten Ergebnisse, suggeriert aber eine hohe Sicherheit in den Entscheidungen. Das Phänomen „concept drift" ist eine fortschreitende Änderung des Zusammenhangs zwischen Input- und Output-Variablen. Nach einer gewissen Zeit ist das Modell nicht mehr in der Lage, die geänderten Zusammenhänge abzubilden und erzeugt ungenaue Ausgaben. In diesem Fall ist sicherzustellen, dass die Modelle regelmäßig durch neues Trainieren mit aktuellen Trainingsdaten angepasst werden. Auch andere Universitäten sehen „concept drift" als eine zentrale Herausforderung beim produktiven Einsatz von Anwendungen, die Künstliche Intelligenz verwenden. So wurde der Effekt eines „concept drift" auf die Vorhersagequalität mit einem realen Datenset untersucht und ein möglicher Umgang mit dem Phänomen vorgeschlagen (Baier et al. 2021).

Kontrollfragen

- Ist die Markteinführung der entwickelten Lösung geplant?
- Können Skalierungseffekte im Markt erreicht werden?
- Wie wird die Data Pipeline organisiert?
- Wann und wie muss das System neu trainiert werden?
- Wie werden potenzielle Risiken überwacht?
- Wie werden technologische Weiterentwicklungen adaptiert und umgesetzt?
- Können mit dem Betriebskonzept der Künstlichen Intelligenz die erforderlichen Verfügbarkeits- und Latenzanforderungen gewährleistet werden?
- Ist ein Prozess etabliert, der die Qualität insbesondere von Trainings- und Testdaten prüft und sichert?

◄

▶ **Datenbeschaffung & Datenbereitstellung** Die Datenbeschaffung und die Datenbereitstellung sind dafür verantwortlich, dass die für die Anwendungen notwendigen internen und externen Daten in der erforderlichen Menge und Qualität legal und compliant zur Verfügung gestellt werden. Im Rahmen Künstlicher Intelligenz ist die ausreichende Datenverfügbarkeit ein wesentlicher Faktor.

Daten sind die Grundlage und sozusagen das „Material", mit dem Künstliche Intelligenz arbeitet. Gespräche mit und Berichte von Unternehmen, die sich intensiv mit dem Einsatz Künstlicher Intelligenz beschäftigen, führen regelmäßig zu Aussagen, dass mehr als 80 % des Aufwandes bei Projekten, bei denen Künstliche Intelligenz zum Einsatz kommt, dem Bereich der Daten zuzuordnen sind. Das Spektrum der Probleme ist dabei sehr groß und umfasst unzureichende Quantität, unzureichende Qualität, unzureichende Transparenz über die Herkunft der Daten sowie rechtliche Probleme. Die Beschaffung, die Qualitätssicherung und die Bereitstellung von Daten stellen zentrale Prozesse im Rahmen eines Managements Künstlicher Intelligenz dar. In der unternehmerischen Realität zeigt sich, dass viele gute Ideen zum Einsatz Künstlicher Intelligenz an der Verfügbarkeit oder an der Qualität der Daten scheitern. Diese Erkenntnis ist nicht neu. Mangelnde Datenqualität ist schon seit Jahrzehnten eine große Herausforderung für

Unternehmen. Im Zeitalter Künstlicher Intelligenz wirkt sie sich verheerend aus. Auch die Eigentumsverhältnisse und Entscheidungsrechte über Daten können innovative Anwendungen mit Künstlicher Intelligenz verhindern. Nach wie vor gibt es zahlreiche Fachbereiche, die aus verschiedenen Gründen davon ausgehen, dass sie alleinige Eigentümer ihrer Daten sind und verhindern können, dass ihre Daten von anderen Bereichen des Unternehmens verwendet werden. Die Lösung der historischen Probleme im Umgang mit Daten ist eine zentrale Voraussetzung für den erfolgreichen Einsatz Künstlicher Intelligenz. Wird Maschinelles Lernen eingesetzt, wofür Trainings- und Testdaten benötigt werden, braucht es weitere Prozesse im Rahmen der Datenbeschaffung und Datenbereitstellung, die sich mit der Beschaffung, Analyse und Weiterentwicklung der Trainings- und Testdaten beschäftigen.

Kontrollfragen

- Gibt es eine Dokumentation, beispielsweise Datenmodelle oder Datenkataloge, aller internen Daten, ihrer „Standorte" und der Besitzverhältnisse?
- Gibt es eine Dokumentation der externen Daten, die von zentraler Bedeutung sind?
- Gibt es verlässliche Aussagen zur Qualität der internen Datenbestände?
- Gibt es Infrastrukturen, die den Umgang mit großen Datenbeständen erlauben?
- Können die Daten wirtschaftlich erfasst, gespeichert und ausgewertet werden?
- Sind die Erfassung, Speicherung und Auswertung der Daten aus Sicht der Kundinnen und Kunden sowie der Mitarbeitenden erwünscht?
- Sind die gesammelten Daten repräsentativ für den Anwendungskontext?
- Wie wird sichergestellt, dass die Daten regelmäßig aktualisiert werden?
- Welche Daten sind zu alt und sollten nicht mehr verwendet werden?
- Wie ist sichergestellt, dass die Daten keine Verzerrung der echten Welt widerspiegeln?
- Wurde der Datenmanagementprozess übergreifend geregelt?

◄

▶ **Entwickeln von Kompetenzen & Kultur** Die Entwicklung von Kompetenzen und Kultur ist dafür verantwortlich, dass die Digitalisierung im Unternehmen grundsätzlich positiv wahrgenommen wird. Der Aufbau von Kompetenzen im Bereich Künstliche Intelligenz sowie eine offene Unternehmenskultur fördern das Entwickeln, Betreiben und Nutzen der neuen Anwendungen.

Nach wie vor sind Fähigkeiten im Umgang mit Künstlicher Intelligenz in den Unternehmen nicht in genügendem Ausmaß vorhanden. Es fehlt auf der einen Seite an sehr gut ausgebildeten Spezialistinnen und Spezialisten, die in der Lage sind, komplexe Probleme mit Künstlicher Intelligenz zu lösen. Auf der anderen Seite fehlt es an einer Grundlagenausbildung für den Umgang mit Informatik in den Fachbereichen und auf den verschiedenen Hierarchiestufen eines Unternehmens. Der Aufbau von Kompetenzen für Künstliche Intelligenz ist eine unerlässliche Voraussetzung. Zwei Wege müssen bestritten werden: Weiterbildung von bestehenden Mitarbeitenden, welche die erforderliche Basisqualifikation aufweisen und das Gewinnen von neuen Mitarbeitenden, die über Kompetenzen im Bereich der Künstlichen Intelligenz verfügen.

Ein weiteres wichtiges Fundament für den erfolgreichen Einsatz Künstlicher Intelligenz ist die Weiterentwicklung der Kultur, unter anderem der Aufbau einer positiven Einstellung gegenüber dieser neuen Technologie. Aus Befragungen bei großen Unternehmen wissen wir, dass bei vielen Mitarbeitenden teilweise große Angst vor dem Einsatz Künstlicher Intelligenz herrscht. Künstliche Intelligenz wird mit radikalem Abbau von Arbeitsplätzen und einer Fremdbestimmung durch Roboter gleichgesetzt. Ausgelöst durch diese beiden Argumente gibt es sehr viel verdeckte Angst in Unternehmen, die nicht offen kommuniziert wird und eine Art stillen Widerstand gegen Künstliche Intelligenz bildet. Wir haben bei unseren Befragungen festgestellt, dass sogar Mitarbeitende in Projekten, in denen Künstliche Intelligenz zum Einsatz kommt, Angst haben. Es ist vor diesem Hintergrund eine zentrale Aufgabe des Managements Künstlicher Intelligenz, so weit wie möglich für den Abbau von Vorurteilen und eine Bereitschaft zur Veränderung in der Nutzung Künstlicher Intelligenz zu sorgen. Transparenz über die Projekte, Möglichkeiten zur Informationsbeschaffung, Weiterbildung und das Aufzeigen von Entwicklungsperspektiven für Mitarbeitende, deren Arbeit durch den Einsatz Künstlicher Intelligenz verändert wird, sind wichtige Maßnahmen, um Ängste abzubauen.

Kontrollfragen

- Gibt es verlässliche Angaben zu den Kompetenzen bezüglich des Umgangs mit Daten und Künstlicher Intelligenz?
- Gibt es Ausbildungs- und Weiterbildungsaktivitäten für Künstliche Intelligenz?
- Gibt es eine offene Kultur gegenüber neuen Technologien, wie beispielsweise der Künstlichen Intelligenz?

- Gibt es Plattformen oder Veranstaltungen, an denen offen über Ängste im Umgang mit Künstlicher Intelligenz diskutiert werden kann?
- Ist Erwünschtheit als Kriterium für den Einsatz Künstlicher Intelligenz in der Unternehmenskultur verankert?
- Gibt es für jeden Mitarbeitenden die Möglichkeit, Ideen für mögliche Anwendungsfälle für den Einsatz Künstlicher Intelligenz einzubringen?
- Gibt es Maßnahmen, um Künstliche Intelligenz im Unternehmen tangibler zu machen und damit zu entmystifizieren?

◄

▶ **Entwickeln und Betreiben der technischen Infrastruktur** Das Entwickeln und Betreiben der technischen Infrastruktur ist dafür verantwortlich, dass die erforderliche Hardware- und Softwareinfrastruktur vorhanden ist und betrieben wird. Im Kontext Künstlicher Intelligenz ist die technische Infrastruktur eine besondere Herausforderung bei der Überführung von Prototypen in produktive Anwendungen.

Die Nutzung Künstlicher Intelligenz erfordert den Aufbau spezieller informationstechnischer Infrastrukturen. Dazu gehören unter anderem Entwicklungs- und Betriebsplattformen und die Nutzung externer Infrastrukturen. Je nach Intensität und Innovationsgrad der Nutzung Künstlicher Intelligenz kann es notwendig sein, spezielle Server und Speicher zu beschaffen und zu betreiben. Daneben gilt es auch, die notwendige Software zu beschaffen und zu betreiben.

Der Umgang mit Cloud-Lösungen spielt bei der Verwendung Künstlicher Intelligenz eine entscheidende Rolle. Viele Unternehmen nutzen für die Prototypen die Infrastrukturen von beispielsweise Google, Amazon, IBM oder Microsoft. Entscheidungen über Make-or-Buy sind bei der Bereitstellung der Infrastruktur sehr herausfordernd. Viele Ideen zur Nutzung Künstlicher Intelligenz können nur realisiert werden, wenn große Speicher und Verarbeitungskapazitäten zur Verfügung stehen. Der Hardwarebedarf kann abgeschwächt werden, wenn vortrainierte Lösungen oder fertige Services der Künstlichen Intelligenz verwendet werden. Allerdings muss auch hier bedacht werden, ob nicht Änderungen in den Daten regelmäßiges Neutrainieren erfordern. Der Aufbau entsprechender Kapazität ist in der Regel auch für größere Unternehmen nur bei wirtschaftlich besonders attraktiven Geschäftsfällen zu rechtfertigen. Einen Lösungsansatz können cloudbasierte Anwendungen darstellen, sofern eine Internetkonnektivität durchgängig sichergestellt ist, deren pay-per-use Kosten jedoch nicht unterschätzt werden dürfen. Nicht nur in diesem Kontext kommt zusätzlich und erschwerend die monopolartige Stellung von Unternehmen wie Google, Amazon oder Microsoft hinzu. Es ist auf jeden Fall sinnvoll, für ein Unternehmen, das Künstliche Intelligenz kompetitiv nutzen will, so viel Kompetenz aufzubauen, dass Ausschreibungen erstellt werden und die eingegangenen Angebote fachgerecht geprüft werden können. Zudem ist der Markt sehr dynamisch, da sich mit jeder neuen Version Änderungen ergeben können. Es gilt zu entscheiden, ob eine „best-of-breed" Strategie angewandt wird oder ob alle Komponenten aus einer Hand bezogen werden.

Kontrollfragen

• Sind im Unternehmen die für den Einsatz Künstlicher Intelligenz notwendige Hardware, wie beispielsweise GPU Systeme und Speicher, und Software, wie beispielsweise graph-orientierte Datenbanken und Tools, vorhanden?
• Gibt es Verträge und Kooperationsmodelle mit externen Anbietern?
• Gibt es klare Vorgaben beziehungsweise Entscheidungen zu Make-or-Buy beim Umgang mit Künstlicher Intelligenz?
• Sind die Kriterien Machbarkeit und Wirtschaftlichkeit bei der Konzeption, dem Aufbau und dem Betrieb der technischen Infrastruktur für Künstlicher Intelligenz in der Unternehmenskultur verankert?
• Wurden pay-per-use Kosten gegenüber den Kosten einer on-premise Lösung abgewogen?
• Gibt es Mitarbeitende im Unternehmen, welche die Angebote von Dienstleistern für Künstliche Intelligenz fachgerecht prüfen können?
• Herrscht Transparenz über Vorteile und Nachteile interner und externer IT-Infrastruktur-Lösungen?
• Kann das Unternehmen diese Vor- und Nachteile für sich schlüssig bewerten und abwägen?
◀

▶ **Managen von Risiko, Regulation, Ethik & Compliance** Das Managen von Risiko, Regulation, Ethik und Compliance ist dafür verantwortlich, dass rechtliche und regulatorische Anforderungen sowie ethische und moralische Anforderungen eingehalten werden und ein systematisches Risikomanagement existiert. Im Kontext Künstlicher Intelligenz bringt der Umgang mit stochastischen Algorithmen neue Herausforderungen mit sich.

Der Einsatz Künstlicher Intelligenz in Produkten, Dienstleistungen und Geschäftsmodellen sowie in innerbetrieblichen Anwendungen ist mit nicht zu unterschätzenden Risiken verbunden. Wir haben bereits auf die Risiken durch Bias in den Trainingsdaten hingewiesen. Compliance wird hier schnell wichtiger als die eigentliche Lösung.

Weitere Risiken entstehen beispielsweise durch den Einsatz Künstlicher Intelligenz in Produkten, die reguliert sind, beispielsweise in Banken, Versicherungen oder in der Automobilindustrie. Viele der Anwendungen, die in diesen Branchen zum Einsatz kommen, müssen vom Regulator geprüft und erlaubt werden. Wenn in diesen Anwendungen Künstliche Intelligenz zum Einsatz kommt, muss eine Genehmigung eingeholt werden. Insbesondere der Sprung vom Programmieren zum Trainieren und der Sprung von deterministischen zu stochastischen Algorithmen ist bei der Einholung von Genehmigungen teilweise sehr schwierig. Wir sind der Meinung, dass ein umfassendes Risikomanagement, der Umgang mit Regulation und das Aufstellen von Regeln für Compliance und deren Einhaltung eine zentrale Aufgabe im Rahmen des Managements Künstlicher Intelligenz darstellt. Wenn man die Projekte, die Künstliche Intelligenz verwenden, entlang der drei Handlungsfelder Machbarkeit, Erwünschtheit und Wirtschaftlichkeit entwickelt und sie auch beim Risikomanagement beachtet, kann das Risiko besser kontrolliert werden. Alle rechtlichen und Compliance Fragen gehören neben der Verfügbarkeit und Beherrschung der Informatik in das Handlungsfeld „Machbarkeit", denn wenn es nicht-lösbare Probleme mit der Einhaltung von Compliance gibt, gilt für uns die Lösung als nicht machbar.

Die Nutzung Künstlicher Intelligenz in Unternehmen führt zu neuen Herausforderungen im Bereich der IT-Sicherheit. Adversarial Attacks, das heißt die Manipulation der Eingabeschnittstelle, stellen eine neue Bedrohung dar. Einer breiteren Öffentlichkeit bekannt geworden sind T-Shirts, die automatisierte Fahrzeuge lahmlegen (Lossau 2019). Das auf den T-Shirts aufgedruckte Muster interpretiert die Künstliche Intelligenz eines automatisierten Fahrzeuges als Befehl zum Anhalten.

Ethik entwickelt sich beim Einsatz Künstlicher Intelligenz zu einer neuen Herausforderung. Der Umgang mit ethischen Fragestellungen ist für viele Führungskräfte im Informatikbereich neu und ungewohnt. Ängste der Mitarbeitenden führen in vielen Unternehmen und teilweise auch in politischen und religiösen Kontexten zur Forderung nach ethischen Regeln im Umgang mit Künstlicher Intelligenz. Einige der Fragen, die immer wieder auftaucht lauten: Wie weit dürfen die Entscheidungen von Algorithmen gehen? Gibt es Grenzen? Welche Grenzen gibt es? Dürfen Algorithmen sogar über Leben und Tod entscheiden? Im Umfeld der Forschung zu automatisierten Fahrzeugen werden wir immer wieder mit der Frage konfrontiert: Soll ein autonomes Fahrzeug die beiden älteren Herren oder die junge Frau mit Kinderwagen überfahren, wenn es nur diese beiden Alternativen gibt (Awad et al. 2018)?

Kontrollfragen

- Können die angebotenen Produkte potenziell ethische Fragen hervorrufen und wurden in diesem Zusammenhang die Konsequenzen bedacht?
- Gibt es ein dokumentiertes und nachvollziehbares Risikomanagement für den Umgang mit Künstlicher Intelligenz?
- Ist geklärt, wie mit Haftungsfragen im Umgang mit Künstlicher Intelligenz umgegangen werden soll?
- Sind die Risiken im Umgang mit Künstlicher Intelligenz, beispielsweise hervorgerufen durch Bias in Trainingsdaten, bekannt und kommuniziert?
- Sind die regulatorischen und gesetzlichen Anforderungen an den Umgang mit Künstlicher Intelligenz oder ihrer Verwendung in Produkten oder Dienstleistungen bekannt und im Unternehmen kommuniziert?
- Sind ethische Prinzipien im Umgang mit Künstlicher Intelligenz im Unternehmen formuliert, bekannt und kommuniziert?
- Sind die internen Anforderungen an Compliance für den Umgang mit Künstlicher Intelligenz weiterentwickelt worden?
- Sind die Kriterien Erwünschtheit, Machbarkeit und Wirtschaftlichkeit im Risikomanagement und in den Anforderungen an Compliance verankert?
- Kann das Unternehmen compliant mit Systemen, die Künstliche Intelligenz verwenden, umgehen und dies auch gegenüber Dritten dokumentieren?

◄

Nächste Schritte 5

Dieses Buch liefert Fach- und Führungskräften einen Überblick über die Bausteine eines Managements Künstlicher Intelligenz in betrieblichen produktiven Informationssystemen. Das zentrale Anliegen ist es, eine Managementperspektive aufzuzeigen, die zum einen für einen wertorientierten Einsatz von Künstlicher Intelligenz in Unternehmen steht, zum anderen aber auch aufzeigt, dass Künstliche Intelligenz – sofern Sie denn als „echte" Anwendung zum Einsatz kommen soll – ein professionelles und teilweise neues Management braucht.

Es wurde gezeigt, dass Künstliche Intelligenz einen echten Wettbewerbsvorteil liefern kann, sofern einige grundsätzliche Problemstellungen richtig adressiert werden. Zum einen müssen Lösungen, die Künstliche Intelligenz nutzen, nicht nur den Forderungen nach technischer Machbarkeit und Wirtschaftlichkeit nachkommen, sondern auch von Endnutzerinnen und Endnutzern, Anwenderinnen und Anwendern und von der Kundschaft erwünscht sein. Unser Vorschlag ist es, traditionelle Bewertungsmaßstäbe mit Methoden aus dem Design Thinking zu ergänzen. Hierdurch wird Künstliche Intelligenz ganzheitlich erfasst und kann, zumindest aus Sicht des Autorenteams, auch langfristig nachhaltig erfolgreich entwickelt werden. Diese Fragestellungen sind auch für traditionelle Softwareanwendungen relevant. Im Hype um Künstliche Intelligenz werden sie jedoch noch wichtiger, da der Einsatz Künstlicher Intelligenz von übertriebenen Erwartungen geprägt ist und auch neue ethische und rechtliche Fragestellungen aufwirft, die ernst genommen und geeignet adressiert werden müssen.

Unsere Antwort auf diese Herausforderung besteht in einem systematischen Management von Künstlicher Intelligenz. Die vorgestellten Bausteine adressieren Fragestellungen der Strategieplanung, der Datenbeschaffung und Datenbereitstellung, der Gestaltung von Entwicklungsprozessen, der organisationalen Kultur, der technischen Infrastruktur, sowie des Managements von Risiko, Regulierung und Compliance. Für IT-Fachleute und Chief Information Officers ist es heute fester Bestandteil ihrer Arbeit, sich mit Fragestellungen rund um Themen wie IT-Management, Softwareentwicklung, Sicherheit und Compliance zu beschäftigen und die entsprechenden Prozesse und Fähigkeiten in ihrer Organisation zu verankern. Das Gleiche ist auch für Künstliche Intelligenz erforderlich, aber teilweise in anderer Form. Denn es gelten nicht nur neue Paradigmen, wie zum Beispiel „Trainieren statt Programmieren", sondern es gibt auch neue Akteure und Anbieter, sowie qualitätsbezogene Fragestellungen der Zertifizierung und Validierung von Algorithmen Künstlicher Intelligenz, für die es heute noch keine befriedigenden Lösungen und Tools gibt.

Dies wirft schließlich die Frage auf, die sich derzeit viele Führungskräfte stellen: Wie kann man mit Künstlicher Intelligenz etwas Nützliches anfangen und was sind die nächsten Schritte? Viele Unternehmen experimentieren bereits mit ersten Anwendungen Künstlicher Intelligenz, haben Prototypen entwickelt oder betreiben schon erste produktive Anwendungen. Unsere umfangreichen Arbeiten auf diesem Gebiet und der Austausch mit Vertreterinnen und Vertretern aus der Praxis haben uns in den letzten Jahren jedoch gelehrt, dass der Übergang von Prototypen zum realen, produktiven Betrieb sehr schwierig ist, weil eine Vielzahl komplexer Problemstellungen zu bewältigen sind.

Vor diesem Hintergrund ist es zentral, initiale Projekte der Künstlichen Intelligenz durchzuführen, um erste Erfahrungen zu sammeln und sich ernsthaft mit dem Thema zu beschäftigen. Allerdings ist es hierbei wichtig sicherzustellen, dass die Organisation aus jedem Projekt lernt und die richtigen Implikationen ableitet. Außerdem ist unmittelbar klar, dass kein Unternehmen, kein Team und auch kein Chief Information Officer diese Reise allein bewältigen kann beziehungsweise sollte. Als Plattform für solche Kollaborationen haben sich immer wieder Universitäten mit angewandten Forschungsausrichtungen bewährt.

Was Sie aus diesem *essential* mitnehmen können

- Die große Herausforderung im Umgang mit Künstlicher Intelligenz ist die Entwicklung und der Betrieb von Softwaresystemen, in denen Künstliche Intelligenz zum Einsatz kommt und nicht das Generieren „genialer" Ideen und der Bau von Prototypen.

- Der Einsatz Künstlicher Intelligenz stellt Unternehmen vor zahlreiche neue Herausforderungen, die aus den zum Einsatz kommenden Methoden der Künstlichen Intelligenz resultieren. Bias in Trainingsdaten stellt ein besonders prägnantes Beispiel dar.

- Die Bereitstellung und Speicherung der Daten sowie die Sicherung ihrer Qualität umfasst bis zu 80 % des Aufwands von Projekten, in den Künstliche Intelligenz zum Einsatz kommt.

- Der professionelle Umgang mit Künstlicher Intelligenz erfordert eine massive Erweiterung der Managementsysteme für Informatik und der Unternehmensführung.

- „Trainieren statt Programmieren" ist das dominierende Paradigma beim Maschinellem Lernen, einer sehr erfolgsversprechenden Methode der Künstlichen Intelligenz.

Literatur

Amodei, D., Olah, C., Steinhardt, J., Christiano, P., Schulman, J. und Mané, D. (2016) „Concrete problems in AI safety", *arXiv preprint* arXiv:1606.06565.

AUDI AG (2020) Audi MediaCenter. Verfügbar unter: https://www.audi-mediacenter.com/de/audi-a4-24/ (Zugegriffen: 12. Dezember 2020).

Marketplace Analytics (2017) *Anzahl der gelisteten Produkte bei Amazon.de nach Hauptkategorien im Jahr 2016 (in Millionen), Statista.* Verfügbar unter: https://de.statista.com/statistik/daten/studie/666152/umfrage/anzahl-der-gelisteten-produkte-bei-amazon-de-nachkategorien/ (Zugegriffen: 9. November 2020).

Awad, E., Dsouza, S., Kim, R., Schulz, J., Henrich, J., Shariff, A., Bonnefon, J.-F. und Rahwan, I. (2018) „The Moral Machine experiment", *Nature.* Springer US, 563, S. 59–64.

Baeza-Yates, R. (2018) „Bias on the web", *Communications of the ACM*, 61(6), S. 54–61.

Baier, L., Kellner, V., Kühl, N. und Satzger, G. (2021) „Switching Scheme: A Novel Approach for Handling Incremental Concept Drift in Real-World Data Sets", in *Hawaii International Conference on Systems Sciences (HICSS-54), Kauai, Hawaii, USA, January 5–8, 2021.*

Barocas, S. und Selbst, A. D. (2016) „Big Data's Disparate Impact", *California law review.* California Law Review, Inc., 104(3), S. 671–732.

Beyer, M. A. und Laney, D. (2012) *The importance of "big data": A definition.* Gartner.

Bishop, C. M. (2007) *Pattern Recognition and Machine Learning (Information Science and Statistics).* Springer.

Bitkom (2018) *Digitalisierung gestalten mit dem Periodensystem der Künstlichen Intelligenz. Ein Navigationssystem Für Entscheider.* Bundesverband Informationswirtschaft, Telekommunikation Und Neue Medien e. V.

Brenner, W., Resch, A. und Schulz, V. (2010) *Die Zukunft der IT in Unternehmen: managing IT as a business.* Frankfurt am Main: Frankfurter Allgemeine Buch.

Brown, T. (2019) *Change By Design, Revised And Updated: How Design Thinking Transforms Organizations And Inspires Innovation,* Harper Business.

Bughin, J., Seong, J., Manyika, J., Chui, M. und Joshi, R. (2018) „Notes from the AI frontier: Modeling the impact of AI on the world economy", *McKinsey Global Institute.* Verfügbar unter: https://caii.ckgsb.com/uploads/life/201904/23/1555983100203053.pdf.

© Der/die Herausgeber bzw. der/die Autor(en), exklusiv lizenziert durch Springer Fachmedien Wiesbaden GmbH, ein Teil von Springer Nature 2021 W. Brenner et al., *Bausteine eines Managements Künstlicher Intelligenz,* essentials, https://doi.org/10.1007/978-3-658-33569-4

Chapman, P., Clinton, J., Kerber, R., Khabaza, T., Reinartz, T., Shearer, C. und Wirth, R. (2000) „CRISP-DM 1.0: Step-by-step Data Mining Guide", *SPSS inc.*

Cole, T. (2020) *Erfolgsfaktor Künstliche Intelligenz: KI in der Unternehmenspraxis: Potenziale erkennen – Entscheidungen treffen.* Carl Hanser Verlag GmbH Co KG.

D'Amour, A., Heller, K., Moldovan, D., Adlam, B., Alipanahi, B., Beutel, A., Chen, C., Deaton, J., Eisenstein, J., Hoffman, M. D., Hormozdiari, F., Houlsby, N., Hou, S., Jerfel, G., Karthikesalingam, A., Lucic, M., Ma, Y., McLean, C., Mincu, D., Mitani, A., Montanari, A., Nado, Z., Natarajan, V., Nielson, C., Osborne, T. F., Raman, R., Ramasamy, K., Sayres, R., Schrouff, J., Seneviratne, M., Sequeira, S., Suresh, H., Veitch, V., Vladymyrov, M., Wang, X., Webster, K., Yadlowsky, S., Yun, T., Zhai, X. und Sculley, D. (2020) „Underspecification Presents Challenges for Credibility in Modern Machine Learning", *arXiv [cs.LG]*. Verfügbar unter: https://arxiv.org/abs/2011.03395.

Dastin, J. (2018) „Amazon scraps secret AI recruiting tool that showed bias against women", *Reuters*, 10 Oktober. Verfügbar unter: https://www.reuters.com/article/us-amazon-com-jobs-automation-insight/amazon-scraps-secret-ai-recruiting-tool-that-showed-bias-aga inst-women-idUSKCN1MK08G.

Davenport, T. H. (2018) *The AI Advantage: How to Put the Artificial Intelligence Revolution to Work.* MIT Press.

Davenport, T. H., Brynjolfsson, E., McAfee, A. und James Wilson, H. (2019) *Artificial Intelligence: The Insights You Need from Harvard Business Review.* Harvard Business Press.

Davenport, T. H. und Ronanki, R. (2018) „Artificial intelligence for the real world", *Harvard Business Review*, 96(1), S. 108–116.

Deng, L. und Yu, D. (2014) „Deep Learning: Methods and Applications", *Foundations and Trends in Signal Processing*, 7(3–4), S. 197–387.

Design Thinking for AI (2020). Verfügbar unter: https://ai.iwi.unisg.ch/research-lab/#design-thinking-fuer-kuenstliche-intelligenz(Zugegriffen: 29. September 2020).

Engel, C., van Giffen, B. und Ebel, P. (2020) „Towards Closing the Affordances Gap of Artificial Intelligence in Financial Service Organizations", in *15th International Conference on Wirtschaftsinformatik*, S. 121–127.

Evgeniou, T., Hardoon, D. R. und Ovchinnikov, A. (2020) „What Happens When AI is Used to Set Grades?", *Harvard Business Review*. Verfügbar unter: https://hbr.org/2020/08/what-happens-when-ai-is-used-to-set-grades (Zugegriffen: 29. September 2020).

Fahse, T., Huber, V. und van Giffen, B. (2021) „Managing Bias in Machine Learning Projects", in *16th International Conference on Wirtschaftsinformatik*.

Fayyad, U., Piatetsky-Shapiro, G. und Smyth, P. (1996) „The KDD Process for Extracting Useful Knowledge from Volumes of Data", *Communications of the ACM*, 39(11).

Ferrucci, D. A. (2012) „Introduction to 'This is Watson'", *IBM Journal of Research and Development*, 56(3.4), S. 1:1–1:15.

Frey, C. B. und Osborne, M. A. (2017) „The future of employment: How susceptible are jobs to computerisation?", *Technological forecasting and social change*, 114, S. 254–280.

van Giffen, B., Borth, D. und Brenner, W. (2020) „Management von Künstlicher Intelligenz in Unternehmen", *HMD Praxis der Wirtschaftsinformatik*. Springer, 57(1), S. 4–20.

Gomez-Uribe, C. A. und Hunt, N. (2016) „The Netflix Recommender System: Algorithms, Business Value, and Innovation", *ACM Transactions on Management Information Systems*. Association for Computing Machinery, 6(4), S. 1–19.

Gruhn, V. und von Hayn, A. (2020) *KI verändert die Spielregeln: Geschäftsmodelle, Kundenbeziehungen und Produkte neu denken.* Carl Hanser Verlag GmbH Co KG.

Herrmann, A., Brenner, W. und Stadler, R. (2018) *Autonomous Driving: How the Driverless Revolution will Change the World.* Emerald Group Publishing.

Heym, M. und Österle, H. (1993) „Computer-aided methodology engineering", *Information and Software Technology.* Elsevier, 35(6–7), S. 345–354.

Hinton, G. E. und Salakhutdinov, R. R. (2006) „Reducing the dimensionality of data with neural networks", *Science*, 313(5786), S. 504–507.

Huber, S., Wiemer, H., Schneider, D. und Ihlenfeldt, S. (2019) „DMME: Data mining methodology for engineering applications – a holistic extension to the CRISP-DM model", *Procedia CIRP*, 79, S. 403–408.

IBM (2016) *Analytics Solutions Unified Method.* IBM Analytics. Verfügbar unter: www.ibm. com/analytics/services.

Information Systems Audit and Control Association (2018) *COBIT 2019 Framework: Introduction and Methodology.* ISACA.

Jensen, K. (2012) "CRISP-DM Process Diagram". Verfügbar unter: https://commons.wikime dia.org/wiki/File:CRISP-DM_Process_Diagram.png. Lizenz: https://creativecommons. org/licenses/by-sa/3.0/legalcode.

Kaplan, A. und Haenlein, M. (2019) „Siri, Siri, in my hand: Who's the fairest in the land? On the interpretations, illustrations, and implications of artificial intelligence", *Business Horizons*, 62(1), S. 15–25.

Kelley, D. und Kelley, T. (2013) *Creative Confidence: Unleashing the Creative Potential within Us All.* Currency.

Koehler, J. (2001) *From Theory to Practice: AI Planning for High Performance Elevator Control.* Berlin, Heidelberg: Springer Berlin Heidelberg (KI 2001: Advances in Artificial Intelligence).

Koehler, J. und Ottiger, D. (2002) „An AI-Based Approach to Destination Control in Elevators", *AI Magazine*, 23(3), S. 59–78.

Krcmar, H. (2015) *Informationsmanagement.* Herausgegeben von H. Krcmar. Berlin, Heidelberg: Springer Berlin Heidelberg, S. 85–111.

von Krogh, G. (2018) „Artificial Intelligence in Organizations: New Opportunities for Phenomenon-Based Theorizing", *Academy of Management Discoveries.* Academy of Management, 4(4), S. 404–409.

Kruse, L., Wunderlich, N. und Beck, R. (2019) „Artificial Intelligence for the Financial Services Industry: What Challenges Organizations to Succeed", *Proceedings of the 52nd Hawaii International Conference on System Sciences.* https://doi.org/10.24251/hicss.201 9.770.

Li, Y., Thomas, M. A. und Osei-Bryson, K.-M. (2016) „A snail shell process model for knowledge discovery via data analytics", *Decision Support Systems.* Elsevier, 91, S. 1–12.

Lossau, N. (2019) „Autonome Autos: Ein buntes Muster legt ihr Gehirn lahm", *Die Welt*, 29 Oktober. Verfügbar unter: https://www.welt.de/wissenschaft/article202616258/Aut onome-Autos-Ein-buntes-Muster-legt-ihr-Gehirn-lahm.html (Zugegriffen: 9. September 2020).

Mariscal, G., Marbán, Ó. und Fernández, C. (2010) „A survey of data mining and knowledge discovery process models and methodologies", *Knowledge Engineering Review.* Cambridge University Press, 25(2), S. 137–166.

Marr, B. (2019) *Artificial Intelligence in Practice: How 50 Successful Companies Used AI and Machine Learning to Solve Problems*. John Wiley & Sons.

Martínez-Plumed, F., Contreras-Ochando, L., Ferri, C., Hernández Orallo, J., Kull, M., Lachiche, N., Ramírez Quintana, M. J. und Flach, P. A. (2019) „CRISP-DM Twenty Years Later: From Data Mining Processes to Data Science Trajectories", *IEEE Transactions on Knowledge and Data Engineering*.

May, A., Sagodi, A., Dremel, C. und van Giffen, B. (2020) „Realizing Digital Innovation from Artificial Intelligence", in *Forty-First International Conference on Information Systems*. International Conference on Information Systems.

McAfee, A., Brynjolfsson, E., Davenport, T. H., Patil, D. J. und Barton, D. (2012) „Big data: the management revolution", *Harvard Business Review*, 90(10), S. 60–68.

McCarthy, J., Minsky, M. L., Rochester, N. und Shannon, C. E. (1955) *A Proposal For The Dartmouth Summer Research Project on Artificial Intelligence*. Dartmouth College.

Microsoft (2020) *What is the Team Data Science Process?* Verfügbar unter: https://docs.microsoft.com/en-us/azure/machine-learning/team-data-science-process/overview (Zugegriffen: 15. November 2020).

Österle, H., Brenner, W. und Hilbers, K. (1991) *Unternehmensführung und Informationssystem: Der Ansatz des St. Galler Informationssystem-Managements*. Springer-Verlag.

Piatetsky, G. (2014) „CRISP-DM, still the top methodology for analytics, data mining, or data science projects", *KDnuggets*. Verfügbar unter: https://www.kdnuggets.com/crispdm-still-the-top-methodology-for-analytics-data-mining-or-data-science-projects.html/ (Zugegriffen: 16. Juli 2020).

Poole, D. L. und Mackworth, A. K. (2010) *Artificial Intelligence: Foundations of Computational Agents*. Cambridge University Press.

Russell, S. und Norvig, P. (2013) *Artificial Intelligence: A Modern Approach*. Pearson Education Limited.

Sahota, N. (2019) *Own the AI Revolution: Unlock Your Artificial Intelligence Strategy to Disrupt Your Competition*. McGraw-Hill.

Samuel, A. L. (1959) „Some Studies in Machine Learning Using the Game of Checkers", *IBM Journal of Research and Development*. IBM, 3(3), S. 210–229.

Schlimmer, J. C. und Granger, R. (1986) „Beyond Incremental Processing: Tracking Concept Drift", *in AAAI*, S. 502–507.

Sicular, S. (2013) „Gartner's Big Data Definition Consists of Three Parts, Not to Be Confused with Three ‚V's", *Forbes Magazine*. Verfügbar unter: https://www.forbes.com/sites/gartnergroup/2013/03/27/gartners-big-data-definition-consists-of-three-parts-not-to-be-confused-with-three-vs/?sh=1da9e4e542f6 (Zugegriffen: 7. Dezember 2020).

Silver, D., Schrittwieser, J., Simonyan, K., Antonoglou, I., Huang, A., Guez, A., Hubert, T., Baker, L., Lai, M., Bolton, A., Chen, Y., Lillicrap, T., Hui, F., Sifre, L., van den Driessche, G., Graepel, T. und Hassabis, D. (2017) „Mastering the game of Go without human knowledge", *Nature*, 550(7676), S. 354–359.

Smith, B. und Linden, G. (2017) „Two Decades of Recommender Systems at Amazon.com", *IEEE Internet Computing*, 21(3), S. 12–18.

Stationery Office (2019) *ITIL Foundation*. Stationery Office.

Suresh, H. und Guttag, J. V. (2019) „A Framework for Understanding Unintended Consequences of Machine Learning", *arXiv [cs.LG]*. Verfügbar unter: https://arxiv.org/abs/1901.10002.

Turing, A. M. (1950) „Computing Machinery And Intelligence", *Mind*, 59, S. 433–460.

Uebernickel, F., Brenner, W., Pukall, B., Naef, T. und Schindlholzer, B. (2015) *Design Thinking: Das Handbuch*. Frankfurt am Main: Frankfurter Allgemeine Buch.

Upadhyay, M. A. (2020) *Artificial Intelligence for Managers: Leverage the Power of AI to Transform Organizations & Reshape Your Career*. BPB Publications.

Wikipedia (2020) *Game complexity, Wikipedia, The Free Encyclopedia*. Verfügbar unter: https://en.wikipedia.org/w/index.php?title=Game_complexity&oldid=989708834 (Zugegriffen: 21. November 2020).

Wu, X., Zhu, X., Wu, G. und Ding, W. (2014) „Data mining with big data", *IEEE transactions on knowledge and data engineering*, 26(1), S. 97–107.

Zarnekow, R., Brenner, W. und Pilgram, U. (2005) *Integriertes Informationsmanagement*. Springer.

Zemel, R., Wu, Y., Swersky, K., Pitassi, T. und Dwork, C. (2013) „Learning Fair Representations", in *International Conference on Machine Learning*. Atlanta, GA, USA: JMLR, S. 325–333.

„Zum Weiterlesen"

Marr, B. (2019) *Artificial Intelligence in Practice: How 50 Successful Companies Used AI and Machine Learning to Solve Problems*. John Wiley & Sons.

Davenport, T. H. *et al.* (2019) *Artificial Intelligence: The Insights You Need from Harvard Business Review*. Harvard Business Press.

Davenport, T. H. (2018) *The AI Advantage How to Put the Artificial Intelligence Revolution to Work*. MIT Press.

Pearlson, K. E., Saunders, C. S. and Galletta, D. F. (2019) *Managing and using information systems: A strategic approach*. John Wiley & Sons.

Baer, T. (2019) *Understand, Manage, and Prevent Algorithmic Bias. A Guide for Business Users and Data Scientists*. Berkeley, CA: Apress.

Printed in the United States
by Baker & Taylor Publisher Services